普通高等教育"双一流"课程系列教材·计算机类

Python 程序设计基础

赵海兴　冶忠林　编著

科学出版社

北　京

内 容 简 介

本书共9章。第1章介绍了 Python 的发展史、安装和工具使用；第2章介绍了 Python 的变量、运算符、控制语句、基本的输入与输出等；第3章给出了一个简单的 Python 编程实例，旨在激发学习者的兴趣；第4章介绍了列表、元组、字典和集合的操作；第5章介绍了 Python 中函数的定义与操作；第 6 章介绍了类的定义与操作；第 7 章介绍了文件的打开、读入、读出等操作；第 8 章介绍了 NumPy 的基本操作与语法知识；第9章介绍了3个 Python 爬虫程序。

本书既适用于高等院校相关专业作为教材，也适用于机器学习、深度学习、人工智能等领域的研究和开发人员。

图书在版编目（CIP）数据

Python 程序设计基础 / 赵海兴，冶忠林编著. —北京：科学出版社，2022.1

ISBN 978-7-03-071007-9

Ⅰ. ①P… Ⅱ. ①赵… ②冶… Ⅲ. ①软件工具－程序设计 Ⅳ. ① TP311.561

中国版本图书馆 CIP 数据核字（2021）第 264224 号

责任编辑：赵丽欣/ 责任校对：王颖
责任印制：吕春珉/ 封面设计：东方人华

科学出版社 出版

北京东黄城根北街 16 号
邮政编码：100717
http://www.sciencep.com

三河市中晟雅豪印务有限公司印刷

科学出版社发行 各地新华书店经销

*

2022 年 1 月第 一 版 开本：787×1092 1/16
2022 年 1 月第一次印刷 印张：13 3/4
字数：323 000

定价：44.00 元

（如有印装质量问题，我社负责调换〈中晟雅豪〉）

销售部电话 010-62136230 编辑部电话 010-62134021

前　言

  Python 是一种功能强大的编程语言，近几年越来越受关注。Python 在系统编程、文本处理、数据库编程、网络编程、Web 开发、游戏开发和人工智能等领域有着广泛的应用。不仅计算机专业人士开始选择 Python 进行软件开发，非计算机专业人士也开始学习和使用 Python 来解决工作中的问题，提高工作效率。目前 Python 的受欢迎度已经超越 C#，与 Java、C、C++一起成为全球前四大流行语言。

  Python 是一种体现简单主义思想的编程语言，与其他高级编程语言相比，Python 可以使用更少的代码来完成更多的工作，这得益于 Python 拥有庞大的第三方库。有了 Python 的第三方库，开发者可以不用了解底层的构建，从而减少了编程的难度和工作量。除了简单易学以外，Python 语言还具有免费开源、跨平台性、可扩展、面向对象、丰富的库等众多特点。

  本书首先介绍了 Python 的发展史，以及在不同系统环境下的安装和使用；然后介绍了 Python 的基本知识，例如变量名的命名和使用、简单的数据类型、四类运算符、选择语句和循环语句、注释和 Python 之禅等；接着介绍了 NumPy，为数据科学和机器学习爱好者提供了基本的入门知识，然后使用通俗易懂的示例讲解了语法知识，并通过四个应用示例，培养读者对 Python 的兴趣；最后介绍了 Python 经典的第三方库，如 turtle 库、Requests 库、BeautifulSoup 库和 Lxml 库等，并给出了详细的对应案例。

  本书强调通过问题的解决过程向读者展示程序设计的思想以及 Python 程序编写的方法，使读者能够在短时间内掌握编写简单的 Python 程序，具备利用 Python 语言解决实际力争问题的能力。

  本书撰写时参考了多本已出版教材和网络资源，总结其中的优点，最终确定本书的风格为简单明了、通俗易懂。另外，采用大量的示例代码介绍语法知识，强调编码过程中可能出错的点，并用表格等形式归纳总结常用的语法知识。

  本书内容完全涵盖 Python 二级考试考点，可作为大中专院校专业课教材，也可作为专业开发人员参考用书。

  本书在赵海兴教授的积极组织和全程指导下完成，赵海兴教授对本书的起草、撰写、内容安排、研讨修改等工作付出了诸多精力。冶忠林副教授协调编写工作和统稿任务。参加本书编写工作的还有曹玉林教授、马福祥教授、李发旭副教授、彭春燕副教授、卢文副教授。曹玉林撰写了第 1~2 章，马福祥撰写了第 3~4 章，李发旭撰写了第 5 章，彭春燕撰写了第 6 章，卢文撰写了第 7 章，冶忠林撰写了第 8~9 章。唐彦龙、崔宝阳、李晓鑫、汲颖和吴传书等在本书编辑与校稿中做了大量工作。在本书编写过程中，吸收了一些 Python 语言方面的网络资源、书籍之中的观点，在此向这些文献的作者一并表示感谢。

　　本书的完成受国家重点研发计划项目（2020YFC1523300）、青海省自然科学基金青年项目（2021-ZJ-946Q）、青海省重点研发与转化计划项目（2020-GX-112）、青海师范大学中青年科研基金项目（2020QZR007）资助。

　　限于作者的时间和水平，书中难免有疏漏之处，恳请各位同行和读者指正。如果在阅读过程中，发现任何问题请联系邮箱 zhonglin_ye@foxmail.com。

编　者

2021 年 7 月

于青海西宁

目　录

第1章 Python 基础知识

1.1 Python 基本概念

1.1.1 Python 发展史

Python 语言诞生于 20 世纪 90 年代初。Python（有蟒蛇之意）一词的由来是因为创始人 Guido van Rossum（吉多·范罗苏姆）对英国的情景剧 *Monty Python's Flying Circus* 尤为喜爱。他创造 Python 语言的目的是希望满足他在 C 和 Shell 之间创建功能齐全、简单易学、可扩展语言的愿景。

从某种角度来讲，Python 基于 ABC 语言发展起来，主要受到了 Modula-3 语言的影响，并且结合了 UNIX Shell 和 C 的习惯。

ABC 语言是 Guido 设计的一种为非专业级别的程序员进行教学的语言。ABC 语言非常优美并具有逻辑性。但是 ABC 语言最终没有成功，深析原因，Guido 认为是其开放性不够。

Python 语言目前已经发展成为全球最受欢迎的程序设计语言之一，其主要经历了以下阶段：

1991 年，第一个 Python 编译器诞生，其用 C 语言实现，并能够调用 C 语言的库文件。此时的 Python 已经具有了类、函数、异常处理、表、词典以及以模块为基础的拓展语言环境。

1995 年，Guido 在对 Python 进行一系列改进之后，发布了 Python 的几个版本。

1999 年，Python 的 Web 框架之祖——Zope1 发布。

2000 年，Python 2.0 版本发布。Guido 的主要核心研究团队逐渐从 BeOpen PythonLabs 转移到 Digital Creations，即为 Zope 公司。

2001 年，Python 软件基金会成立，该基金会专门是为 Python 相关的知识产权而建立的非营利组织。

2011 年 1 月，Python 被 TIOBE 编程语言排行榜评为"2010 年度语言"。

2013 年，Python 在 TIOBE 排行榜中排行第 13。到了 2021 年，Python 在 TIOBE 排行榜中则位于第 2。

由于 Python 语言简洁易读并具有可扩展性，在国外用 Python 做科学计算的研究机构日益增多，众多开源的科学计算软件包均提供了 Python 的调用接口，如著名的计算机视觉库 OpenCV、三维可视化库 VTK、医学图像处理库 ITK 等。Python 专用的科学计算扩展库则更多，如 NumPy、SciPy 和 Matplotlib。这 3 个十分经典的科学计算扩展库分别为 Python 提供了快速数组处理、数值运算以及绘图功能。

Python 的主要版本及发布时间如下：

- Python2.4，发布时间 2004 年 11 月 30 日；
- Python2.5，发布时间 2006 年 9 月 19 日；
- Python2.6，发布时间 2008 年 10 月 1 日；
- Python2.7，发布时间 2010 年 7 月 3 日；
- Python3.0，发布时间 2008 年 12 月 3 日；
- Python3.1，发布时间 2009 年 6 月 27 日；
- Python3.2，发布时间 2011 年 2 月 20 日；
- Python3.3，发布时间 2012 年 9 月 29 日；
- Python3.4，发布时间 2014 年 3 月 16 日；
- Python3.5，发布时间 2015 年 9 月 13 日；
- Python3.6，发布时间 2016 年 12 月 23 日；
- Python3.7，发布时间 2018 年 6 月 27 日；
- Python3.8，发布时间 2019 年 10 月 14 日；
- Python3.9，发布时间 2020 年 10 月 5 日。

1.1.2　编译型语言和解释型语言

程序设计语言分为高级程序设计语言和低级程序设计语言。高级程序设计语言包括 Python、Java、C/C++等，低级程序设计语言包括汇编语言和机器语言。由于高级程序设计语言具有简单操作性、跨平台性强等优点，被人们广泛使用。虽然人们使用高级程序设计语言编写程序简化了程序编写工作，但是计算机无法理解高级程序设计语言。计算机只能识别特定的机器语言，任何用高级程序设计语言写出的程序如果被计算机运行，均必须将源代码转换成机器语言。

高级程序设计语言翻译为机器语言的方式有两种：一种是编译，另一种是解释。

部分编程语言要求必须提前将所有源代码一次性全部转换成机器码，即生成一个可执行文件，比如 C 语言、C++、Golang、Pascal（Delphi）、汇编等，这种编程语言称为编译型语言，使用的转换工具称为编译器。

而有些编程语言可以边执行边转换，只转换需要的源代码，不会生成可执行文件，比如，Python、JavaScript、PHP、Shell、MATLAB 等，这种编程语言称为解释型语言，使用的转换工具称为解释器。

编译型语言和解释型语言的执行过程分别如图 1.1 和图 1.2 所示。两者的区别如表 1.1 所示。

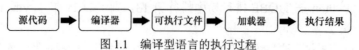

图 1.1　编译型语言的执行过程

图 1.2　解释型语言的执行过程

表 1.1　编译型语言和解释型语言的区别

分类	编译型语言	解释型语言
原理	通过专门的编译器，将所有源代码一次性转换成特定平台（Windows、Linux 等）执行的机器码（以可执行文件的形式存在）	由专门的解释器根据需要将部分源代码临时转换成特定平台的机器码
优点	编译一次后，脱离了编译器也可以在安装了虚拟机的环境中多次运行，并且运行效率高	跨平台性好，可以通过不同的解释器，将相同的源代码解释成特定运行平台下的机器码；解释器的大小远小于虚拟机；最大的优势是具有平台独立性
缺点	编译后的源程序不可修改	源码可见，代码运行比编译型慢；解释型应用占用更多的内存和 CPU 资源；解释型语言每执行一次就要翻译一次，效率比较低
代表语言	C、C++、Pascal、Object-C、Swift、Java 等	JavaScript、Python、Erlang、PHP、Perl、Ruby 等

1.1.3　Python 特点及应用

1. 特点

1）优点

① 简单　Python 语言具有简单、简约、简洁的优点，其语法优雅，程序编码简单易读。

② 易学　Python 有相对较少的关键字和明确定义的语法，结构相对简单，学习起来比较容易上手。

③ 自由开放　Python 是 FLOSS（自由/开放源代码软件）的成员之一。因此，使用者可以自由地分发这一软件的拷贝，阅读它的源代码并对其作出改动，或是将其中一部分运用于一款新的自由程序中。

④ 丰富的库　Python 具有丰富的标准库来支持一般的编码任务，同时能够支持跨平台的库，在 UNIX、Windows 和 Macintosh 上的兼容性很好。

⑤ 互动模式　Python 具有良好的互动模式，可以从终端输入执行代码并获得结果，可以以互动的方式进行代码片段的测试和调试。

⑥ 跨平台性　基于开放源代码的特性，Python 已经被移植到许多平台，如 Linux、Windows、FreeBSD、Macintosh、Solaris、OS/2、Amiga、AROS、AS/400 等，并能很好地运行其中。

⑦ 可扩展　如果需要一段运行很快的关键代码，或者是想要编写一些封闭的算法，可以使用 C/C++完成，然后再从 Python 程序中调用。

⑧ 多数据库支持　Python 提供大多数主要商业数据库的接口。

⑨ 可嵌入　可以将 Python 嵌入到 C/C++程序，让用户获得"脚本化"的能力。

⑩ 具有高级语言特性　当用 Python 编写程序时，不必考虑程序应当如何使用内存等底层细节。

2）缺点

① 运行速度慢　由于 Python 是解释型语言，运行速度慢是无法避免的问题。同时由

于 Python 是高级语言，屏蔽了很多底层细节。因此，除去本身要做的工作之外，还要做很多其他工作，而有些任务很消耗资源，比如管理内存等。Python 的运行速度相比 C/C++、Java 慢很多。

② 代码加密困难　Python 是解释型语言，会直接运行源代码，不像编译型语言的源代码会被编译成可执行程序，因此对源代码加密比较困难。

③ 强制缩进　对于有 Java 语言或者 C 语言编程经验的用户，初次使用 Python 的强制缩进会很不习惯。但是，如果习惯了 Python 的缩进语法，会觉得 Python 语言非常优雅。

④ 版本不兼容　Python 版本中，Python2 与 Python3 不兼容。因为 Python 没有向后兼容，这给 Python 使用者带来了麻烦。

⑤ 限制并发　Python 的缺点之一是对多处理器支持不好。Python 默认解释器要执行字节码时，都需要先申请全局解释器锁（global interpreter lock，GIL）。这意味着，如果试图通过多线程扩展应用程序，将总是被全局解释器锁限制。全局解释器锁使得在同一进程内任何时刻仅有一个线程在执行。

2. Python 的应用领域

1）Web 开发

基于 Python 产生了许多优秀的 Web 框架，比如 Django，支持异步高并发的 Tornado 框架，短小精悍的 flask、bottle 等。其中，Django 框架使得开发十分便捷，许多伟大的开源社区程序员为该框架贡献了诸多的开源库。

2）网络编程

Python 在网络编程中应用广泛。例如，支持高并发的 Twisted 网络框架，以及 Python3 引入的 asyncio 使网络编程变得非常简单。

3）爬虫开发

爬虫开发是指将网络一切数据作为资源，通过自动化程序进行有针对性的数据采集以及处理。Python 在爬虫界占据主导地位，基于 Python 的爬虫库有很多，如 httplib、Scrapy、Request、urllib 等。这些库都很好地封装了 http 协议中的 post()、get()等方法，能够模拟浏览器实现想要实现的功能。

4）云计算开发

Python 是从事云计算工作需要掌握的一门编程语言。目前最知名的云计算框架 OpenStack 是基于 Python 开发的。

5）人工智能

Python 是目前公认的人工智能和数据分析领域的必备语言，人工智能算法多数基于 Python 编写。NASA 和 Google 公司早期大量使用 Python，为 Python 积累了丰富的科学运算库，当 AI 时代来临后，Python 从众多编程语言中脱颖而出。

6）数据分析

在大量数据的基础上，结合科学计算、机器学习等技术，对数据进行清洗、去重、规格化和针对性的分析是大数据行业的基石。Python 是数据分析的主流语言之一。

7）自动化运维

Python 能够满足绝大部分自动化运维需求，前端和后端都可以运行。

8）金融分析

Python 也是金融分析、量化交易领域里用得最多的语言。

9）科学运算

自 1997 年开始，NASA 就在使用 Python 进行大量的科学运算，随着 NumPy、SciPy、Matplotlib 等众多程序库的开发，Python 越来越适合于做科学计算以及绘制高质量的 2D 和 3D 图像。Python 作为一门通用的高级程序设计语言，比 MATLAB 所采用的脚本语言应用范围更广泛。

10）游戏开发

在网络游戏开发中 Python 也有很多应用。相比 Lua 和 C++，Python 比 Lua 有更高阶的抽象能力，可以用更少的代码描述游戏业务逻辑。

11）桌面软件

Python 在图形界面开发上很强大，可以用 tkinter/PYQT 框架开发各种桌面软件。

12）其他领域

Python 在其他领域也有很多应用。例如，在物理学领域，各种实验数据的处理以及相关实验模拟都可以使用 Python。在机器学习领域 Python 也产生了诸多的开源库，如 sklearn，其集成了机器学习领域常见的算法，且接口良好，文档丰富。

1.1.4　Python2 与 Python3 的区别

Python 有两个主要版本：Python2 和 Python3。绝大多数组件和扩展都是基于 Python2 开发而成的。Python 不像其他语言一样可以向下兼容，Python3 是不兼容 Python2 的。

Python 2 发布于 2000 年 10 月 16 日。与之前所发布的版本相比较而言，Python2 更加清晰并且具有包容性。Python2 包含了更多的程序性功能，比如能够自动地管理其内存的循环检测垃圾收集器，并增加了对 Unicode 的支持，以期能够实现字符的标准化。

Python3.0 于 2008 年 12 月 3 日发布。Python3 被开发设计的重点是清理代码库，并删除冗余。起初，Python3 的发展很缓慢，后来随着对 Python2 的支持更新的终止，越来越多的库被移植到 Python3 上，因此，Python3 目前已经被广泛采用，在撰写本教材时，支持 Python3 的开发包就已有 339 个。

Python2 与 Python3 的主要区别体现在以下几个方面。

1）性能

在性能方面，Python3 运行 pystone benchmark 的速度比 Python2.5 慢 30%，Python3.1 性能比 Python2.5 慢 15%，因此 Python3 还有很大的升级优化空间。

随着 Python2 版本逐渐停止技术支持，Python3 将会修复存在的错误与失误，并开发更多的新功能与用户体验。

2）Python 解释器默认编码

Python2 默认使用 ASCII 编码，Python3 默认使用 UTF-8 编码。UTF-8 编码可以很好地支持中文或其他非英文字符。

在 Python2 中，代码如下：

```
print'str="C 语言中文网"'
```

```
print'str'C\xe8\xaf\xad\xe8\xa8\x80\xe4\xb8\xad\xe6\x96\x87\xe7\xbd\x91''
```

在 Python3 中，代码如下：

```
Print('str=C语言中文网')
print('str'C语言中文网'')
```

在 Python3 中，下面的代码也是合法的：

```
print('中国=China')
print(' (中国)China')
```

3）print()函数

在 Python2 中 print 是语句，而 Python3 中 print 则变成了函数。在 Python2 中，print 语句后面接的是一个元组对象，而在 Python3 中，print 函数可以接收多个位置参数。在 Python3 中调用 print 需要加上括号，不加括号运行则会输出 SyntaxError。

在 Python2 中，代码如下：

```
print'hello world'
```

得出结果：

```
hello world
```

在 Python3 中，代码如下：

```
print('hello world')
```

得出结果：

```
hello world
```

在 Python3 中，如果输入以下代码：

```
print'hello world'
```

得出结果：

```
File "F:/py/hello.py" , line 1
print "hello world"
        ^
SyntaxError : invalid syntax
```

4）整数相除

Python 的除法运算要比其他语言高级很多。它的除法运算有两种运算符，分别为"/"和"//"，这两种运算符在 Python2 和 Python3 中使用方法存在的差异如下。

① 运算符"/"　在 Python2 中，输入不带小数的数字，将被视为整数的编程类型。整数是强类型，并且不会变成带小数位的浮点数。当运算符"/"两侧的两个数字是整数时，得到商 x，输出的结果是小于或等于 x 的最大整数，即输入 3/2，Python2 将返回 1。想要获得结果 1.5，那么可以在 3/2 中添加小数位，以得到预期的答案 1.5。例如，3/2.0、3.0/2、3.0/2.0 均可。在 Python2 中，代码如下：

```
print'3/2'
print'3/2.0'
```

得出结果：

```
1
1.5
```

但是在 Python3 中使用"/"运算符，整数之间做除法运算，结果会是浮点数。例如：

```
print('3/2')
print('3/2.0')
```

得出结果：

```
1.5
1.5
```

② 运算符"//"　使用运算符"//"进行的除法运算叫作 floor 除法，即输出不大于结果值的一个最大的整数（向下取整）。此运算符的用法在 Python2 和 Python3 中是一样的。比如，在 Python2 中代码如下：

```
print'3//2'
```

得出结果：

```
1
```

在 Python3 中代码如下：

```
print('3//2')
```

得出结果：

```
1
```

5）Unicode

在 Python2 中，字符串有两个类型：一个是 Unicode（文本字符串），一个是 str（字节字符串），不过两者并没有明显区分，编码发生错误也无法找到原因，容易让人感到混乱。而在 Python3 中两者有明显的区别界限，其中，文本字符串类型（Unicode 编码）被命名为 str，字节字符串类型被命名为 byte。Python3 中 byte 里存的数据和 Python2 中 str 里存的数据是一样的。Python3 中的 str 对象在 Python2 中叫作 Unicode 对象。Python3 中任何需要写入文本或者网络传输的数据都只接收字节序列，这就从源头上阻止了编码错误的问题。

6）异常处理

在 Python2 中，所有类型的对象都是直接被抛出，但是在 Python3 中，只有继承 Base Exception 的对象才可以被抛出。

在 Python2 中，捕获异常的语法是"except Exception，var:"；但在 Python3 中引入了 as 关键字，捕获异常的语法变更为"except Exception as var:"。

在 Python3 中，处理异常用"raise Exception(args)"代替了"raise Exception，args"。

在 Python3 中，取消了异常类的序列行为和.message 属性。

7）xrange()函数

Python2 中有 range()和 xrange()两个函数。其区别在于，range()返回一个 list，在被调用的时候即返回整个序列。xrange()返回一个 iterator，在每次循环中生成序列的下一个数字。Python3 中不再支持 xrange()函数，Python3 中的 range()函数就相当于 Python2 中的 xrange()函数。

8）map()函数

在 Python2 中，map()函数返回 list。

在 Python3 中，map()函数返回 iterator。

1.2 环 境 搭 建

Python 是一种跨平台的编程语言，它几乎能够安装在所有系统中并运行。然而在不同的操作系统中，安装 Python 的方法存在差别。

本节介绍如何在 Windows、Linux、Mac OS 三个不同系统中安装 Python。可以从 Python 官网 http://www.python.org 的 Downloads 页面下载各平台的安装包。

图 1.3 为 Python 官网界面。

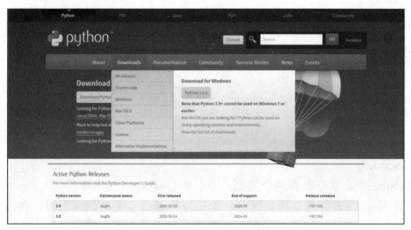

图 1.3　Python 官网界面

选中 downloads 中的 Allreleases 选项，即可获得已发布的 Python 版本系列和适合不同操作系统的版本如图 1.4 和图 1.5 所示。

Python version	Maintenance status	First released	End of support	Release schedule
3.9	bugfix	2020-10-05	2025-10	PEP 596
3.8	bugfix	2019-10-14	2024-10	PEP 569
3.7	security	2018-06-27	2023-06-27	PEP 537
3.6	security	2016-12-23	2021-12-23	PEP 494
3.5	end-of-life	2015-09-13	2020-09-05	PEP 478
2.7	end-of-life	2010-07-03	2020-01-01	PEP 373

图 1.4　Python 已发布的版本系列

Files					
Version	Operating System	Description	MD5 Sum	File Size	GPG
Gzipped source tarball	Source release		e19e75ec81dd04de27797bf3f9d918fd	26724009	SIG
XZ compressed source tarball	Source release		6ebfe157f6e88d9eabfbaf3fa92129f6	18866140	SIG
macOS 64-bit installer	Mac OS X	for OS X 10.9 and later	16ca86fa3467e75bade26b8a9703c27f	31132316	SIG
Windows help file	Windows		9ea6fc676f0fa3b95af3c5b3400120d6	8757017	SIG
Windows x86-64 embeddable zip file	Windows	for AMD64/EM64T/x64	60d0d94337ef657c2cca1d3d9a6dd94b	8387074	SIG
Windows x86-64 executable installer	Windows	for AMD64/EM64T/x64	b61a33dc28f13b561452f3089c87eb63	28158664	SIG
Windows x86-64 web-based installer	Windows	for AMD64/EM64T/x64	733df85afb160482c5636ca09b89c4c8	1364352	SIG
Windows x86 embeddable zip file	Windows		d81fc534080e10bb4172ad7ae3da5247	7553872	SIG
Windows x86 executable installer	Windows		4a2812db8ab9f2e522c96c7728cfcccb	27066912	SIG
Windows x86 web-based installer	Windows		cdbfa799e6760c13d06d0c2374110aa3	1327384	SIG

图 1.5　适合不同操作系统的版本

1.2.1　Windows 系统下搭建 Python 环境

下载 Windows 版本的 Python 安装包后，就可以进行安装，安装步骤如下：

（1）双击安装包"Windows x86-64 executable installer"，下载所需要的 Python 安装包，选择下载位置如图 1.6 所示。

图 1.6　下载位置界面

（2）出现图 1.7、图 1.8 所示的安装向导界面，选中 Add Python 3.9 to PATH 复选框。

图 1.7　安装向导

图 1.8　选择 PATH

（3）选中安装向导界面中的 Customize installation 选项，出现如图 1.9 所示的界面。

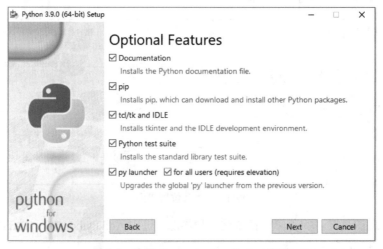

图 1.9　选择 Customize installation 选项

（4）图 1.9 中的选项不需要做出任何修改，单击 Next 按钮，出现如图 1.10 所示的界面。

图 1.10　选择所需的选项

在图 1.10 所示界面中可以根据需要设置 Advanced Options，此处将 Customize install location（安装路径）设置为 E:\python39（此目录按照自己的配置自行确定）。然后单击 Install 按钮，文件即开始安装。会出现如图 1.11 所示的安装界面。

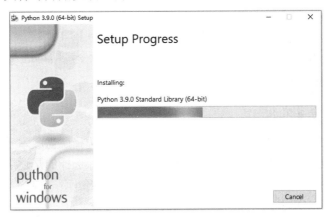

图 1.11　安装 Python

（5）安装完成后，会出现如图 1.12 所示的界面，单击 Close 按钮结束安装。

图 1.12　安装结束

安装完成后，有些 Python 版本需要设置计算机的环境变量，具体方法如下：在 Path 中添加路径 E:\python39。该添加方法在 Win7、Win10 中不一样，在 Win7 中将路径添加到现有路径的后面，如;E:\python39，而在 Win10 中需要新建路径。具体设置方法可搜索网络资源。添加路径的好处是可以在 DOS 框中通过 pip 命令安装第三方包，不添加路径也可以，但是需要在专用的编辑器或解释器中安装第三方包（如 PyCharm 中）。

1.2.2　Linux 系统下搭建 Python 环境

将 Python 安装包下载并上传至装有 Linux 系统的服务器，之后可以开始安装，步骤如下：

（1）进入装有 Linux 系统的服务器，并找到 Python 安装包所在的目录，执行 tar -xvzf Python-3.9.0.tgz.tar 命令将安装包解压。

（2）解压完毕后，会生成一个名为 Python-3.9.0 的目录，执行 cd Python-3.9.0 命令，进入此目录。

（3）执行./configure –prefix=/usr/Python 命令，将 Python3.9.0 的安装目录配置为/usr/python。

（4）执行 make 命令编译源码。

（5）执行 sudo make install 命令开始安装。

（6）安装完成后，在 Linux 提示符下输入 Python3 命令，即可进入 Python 控制台。

1.2.3 Mac OS 系统下搭建 Python 环境

1. 通过安装包安装

这种方法也是最常用的方法，需要到 Python 官网选择所需版本下载二进制安装文件。选择好适用于 Mac OS 系统的 Python 版本，并确保选择的是适用于当前计算机的 32 位或 64 位相对应的文件即可。

图 1.13 为 Mac OS 系统下 Python 版本的可下载列表。

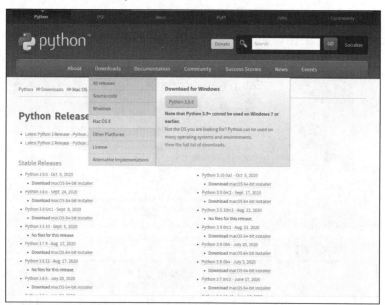

图 1.13　官网 Mac OS 系统可下载列表

双击安装器之后，只要按照类似于 Windows 系统安装 Python 的提示操作，就可以顺利安装 Python。

2. 通过 Homebrew 安装

首先应了解什么是 Homebrew 系统。Homebrew 是指"OSX 平台所欠缺的包管理器"。Homebrew 可以通过命令行快速安装、更新、删除软件包，与 Ubuntu 系统下的 apt-get 相似。

按照官网的顺序安装好 Homebrew 后，就可以开始安装 Python 了。

（1）安装 Python3，则输入：

```
$brew install python3
```

（2）如果想查看可以安装的 Python 其他版本，可以输入如下命令在 Homebrew
上进行搜索：

```
$brew search python
```

接下来就会出现可以安装的全部 Python 版本。

1.3　Python 编码规范

1. 编码

如无特殊情况，文件一律使用 utf-8 编码，文件头部（第一行）必须加入以下语句：

```
#-*-coding:utf-8-*-
```

或者

```
#coding=utf-8
```

PyCharm 等 Python 解释器有时会将源码改成 gbk、GB2312 等格式，此时，从文件
中读入 utf-8 格式的文本，则会导致显示乱码等问题。加入该语句是告诉解释器，此源
码经过 utf-8 编码。

2. 代码格式

（1）缩进：统一使用 4 个空格进行缩进。

（2）行宽：每行代码尽量不超过 80 个字符（在特殊情况下可以略微超过 80，但最
长不得超过 120）。

（3）引号：自然语言使用双引号，机器标识使用单引号，因此，代码里多数应该使
用英文输入法下的单引号，如自然语言使用双引号"..."、机器标识使用单引号'...'、正则
表达式使用原生的双引号"..."、文档字符串（DocString）使用三个双引号"""......"""。

（4）空行：编码格式声明、模块导入、常量和全局变量声明、顶级定义和执行代码
之间空两行。顶级定义之间空两行，方法定义之间空一行；在函数或方法内部，可以在
必要的地方空一行以增强层次感，但应避免连续空行。模块级函数和类定义之间空两行。
类成员函数之间空一行。添加空行的作用是让代码分块，方便区分，更是为了代码的美
观，举例如下。

```
Class A:

    def__inti__(self):
        pass

    Def hello(self):
        pass
```

3. import 语句

（1）import 语句应该分行书写，推荐的程序写入方法如下：

```
import os
import sys
```

不推荐的程序写入方法如下：

```
import sys, os
```

（2）import 语句应该使用 absolute import。
（3）import 语句应该在文件头部，置于模块说明及 DocString 之后，全局变量之前。
（4）import 语句应该按照顺序排列，每组之间用一个空行分隔。
（5）导入其他模块的类定义时，可以使用相对导入。
（6）如果发生命名冲突，则可使用命名空间。

```
import Mar
import Five.Mar

Mar.Bar()
    five.Mar.Bar()
```

4. 空格

在编程过程中，可以使用空格进行分隔，以便增加程序的易读性和规范性。在 PyCharm 中，使用快捷键 Ctrl+Alt+L，可以快速地添加空格进行代码格式化处理。

（1）在二元运算符两边各空一格，二元运算符为：=、-、+=、==、>、in、is not、and 等，如 i = i + 1，此处的"=" "+"左右均有一个空格。
（2）函数的参数列表中","之后要有空格，但是，默认值等号两边不要添加空格，如 def complex(x, y=0.0)，此处的"y=0.0"之前有一个空格。
（3）左括号之后、右括号之前不要加多余的空格，如 spam(x[1], {y: 2})。
（4）字典对象的左括号之前不要加多余的空格，如 dict['key'] = list[index]。

5. 换行

（1）在函数中含有多个参数时，第二行参数缩进到括号的起始处。
（2）第二行缩进 4 个空格，适用于起始括号就换行的情形。
（3）使用反斜杠换行，二元运算符等应出现在行末，长字符串也可以用此法换行。
（4）禁止一行中包含多个语句，即禁止复合语句出现在一行。
（5）if/for/while 一定要换行。

示例代码如下：

```
def function_name(
        var_one, var_two, var_three,
        var_four):
```

```
session.query(MyTable).\
      filter_by(id=1).\
      one()

print 'Hello, '\
    '%s %s!' %\
    ('Harry', 'Potter')
```

6. 文档字符串

DocString 文档字符串是一个重要工具，用于解释文档程序，帮助程序文档更加简单易懂。文档字符串规范中最基本的两点如下：

（1）所有的公共模块、函数、类、方法，都应该写 DocString。私有方法不一定需要，但应该在 def 后提供一个块注释来说明。

（2）DocString 的结束"""应该独占一行，除非此 DocString 只有一行。

7. 注释

注释在开发时用中文写，发布脚本工具时用英文写。当用英文书写时，应遵循 Strunk and White 的书写风格。

注释应该是完整的句子或者短语。注释的第一个单词应该大写，如果是以小写字母开头的标识符，则不要改变大小写。若注释很短，结尾的句号可以省略。

1）文档字符串

使用 PyDoc、epydoc、Doxgen 等文档化工具为所有公共模块、函数、类和方法添加文档字符串，文档字符串对非公开的方法不是必要的，但应该有一个描述这个方法做什么的注释。

多行注释的结尾"""应该单独成行，对单行的文档字符串，结尾的"""也可以在同一行。

```
"""Return a parameter

Input the description

"""
"""Return a parameter"""
```

2）行注释

谨慎使用行内注释，至少使用两个空格和语句分开，注释由#和一个空格开始，且不要使用无意义的注释。推荐的写法如下：

```
x=x+3     # 边框加粗三个像素
```

不推荐的写法（无意义的注释）如下：

```
x=x+3     # x 加 3
```

3）多行注释（块注释）

当需要注释的内容过多，导致一行无法显示时，就可以使用多行注释。在 Python 中使用三个单引号或三个双引号进行多行注释。在 PyCharm 等编辑器中，首先选择多行需要被注释掉的代码，然后使用快捷键"Ctrl+/"进行多行注释，并使用"Ctrl+/"取消多行注释。

```
'''
这是使用三个单引号的多行注释
'''

"""
这是使用三个双引号的多行注释
"""

# 这是使用快捷键的多行注释
# 这是使用快捷键的多行注释
# 这是使用快捷键的多行注释
```

4）建议多写注释

在代码的关键部分或复杂难懂的地方，能写注释的要尽量写注释。比较重要的注释段，使用多个等号隔开，可以更加醒目，突出重要性。

```
app=create_app(name,options)


#=====================================
#请勿在此处添加 getpost 等 app 路由行为!!!
#=====================================


if__name__=='__main__':
app.run()
```

5）文档注释（DocString）

作为文档的 DocString 一般出现在模块头部、函数和类的头部，这样在 Python 中可以通过对象的__doc__对象获取文档。编辑器和 IDE 也可以根据 DocString 给出自动提示。

文档注释以"""开头和结尾，首行不换行，如有多行，末行必须换行。

不要在文档注释复制函数定义原型，而是具体描述其具体内容，解释具体参数和返回值等。

对函数参数、返回值等的说明采用 NumPy 标准。

8. 标识符命名

（1）变量、函数和属性应该使用小写字母拼写，如果有多个单词就使用下画线进行连接。

（2）类中受保护的实例属性，应该以一个下画线开头。

（3）类中私有的实例属性，应该以两个下画线开头。

（4）类和异常的命名，应该每个单词首字母大写。

（5）模块级别的常量，应该采用全大写字母，如果有多个单词就用下画线进行连接。

（6）类的实例方法，应该把第一个参数命名为 self 以表示对象自身。

（7）类的类方法，应该把第一个参数命名为 cls 以表示该类自身。

1.4　编　辑　工　具

1.4.1　自带 IDLE

在 Windows 的"开始"菜单中找到 IDLE 并单击，如图 1.14 所示，即可启动自带 IDLE 开发环境。IDLE 有两种窗口模式，分别为 Shell 和 Editor。启动 IDLE 后，一般都是默认显示 Shell 窗口，如图 1.15 所示。

图 1.14　Windows 菜单

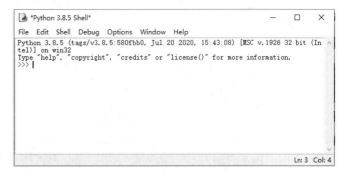

图 1.15　IDLE Shell 窗口

1.4.2　PyCharm

选择一款合适的编辑器能够使 Python 程序的编写变得更加容易。优秀的编辑器拥有的最基本特点就是语法清晰。PyCharm 是一款优秀的 PythonIDE 编辑器，能够通过标记颜色区分 Python 程序中的不同功能区域，进而便于用户进行程序读写，并增加运行过程中的形象化。

1. PyCharm 的安装

PyCharm 可以在 Windows、Linux、Mac OS 等系统上运行。PyCharm 下载地址：https://www.jetbrains.com/PyCharm，读者可以自行下载安装。

2. PyCharm 的启动

PyCharm 首次启动时出现启动窗口，在窗口中选择 create new project 选项，并指定保存位置及 Python 解释器。

Location：保存位置。

interpreter：Python 解释器。

在创建的项目名上右击，选择 NEW→Python File 命令，输入文件名后会出现编辑窗口，然后就可以在编辑窗口中输入程序了。编写的程序可通过单击 Run 菜单中 Run 命令执行。整个过程如图 1.16～图 1.19 所示。

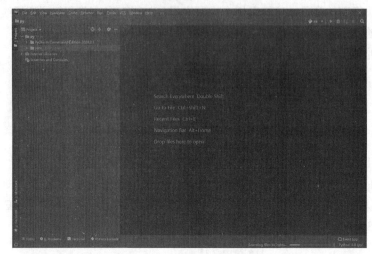

图 1.16   PyCharm 启动页面

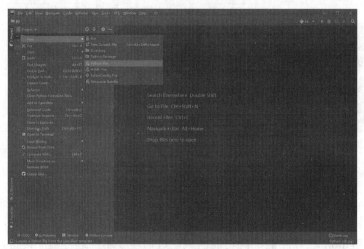

图 1.17   PyCharm 创建文件（1）

图 1.18   PyCharm 创建文件（2）

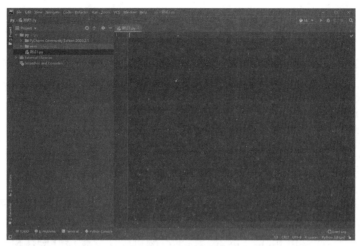

图 1.19　打开创建文件

1.4.3　Anaconda

1.　Anaconda 简介

Anaconda 是免费开源的 Python 和 R 语言的发行版本，用于计算科学，如数据科学、机器学习、大数据处理和预测分析等。Anaconda 主要用于简化包管理和部署，提供了包管理与环境管理的功能，并且拥有超过 1400 个适用于 Windows、Linux 和 Mac OS 的数据科学软件包。

Anaconda 具有以下优点：

（1）Anaconda 的软件包包含 conda 和虚拟环境管理，都被包含在 Anaconda Navigator 中，因此无须去了解独立安装的每个库。

（2）Anaconda 支持 Linux、Mac OS、Windows 系统，提供了包管理与环境管理的功能，可以很方便地解决多版本 Python 并存、切换以及各种第三方包安装问题。

（3）Anaconda 利用工具/命令 conda 进行 package 和 environment 的管理，并且其中已经包含了 Python 和相关的配套工具。可以使用已经包含在 Anaconda 中的命令 conda install 或者 pip install 安装开源软件包。

2.　Anaconda 特点

1）丰富的第三方库

Anaconda 拥有一批常用的数据科学包，它附带了 conda、Python 等 150 多个科学包及必须依赖项。因此，可以即刻处理数据。

2）管理包

Anaconda 是基于 conda 而发展起来的，可以使用 conda 安装、更新、卸载工具包。在安装 anaconda 时，预先集成了 NumPy、SciPy、Pandas 等在数据分析中常用的包。另外，conda 不仅能管理 Python 的工具包，也能安装非 Python 的工具包。新版 Anaconda 中能够安装 R 语言的集成开发环境 R studio。

3）虚拟环境管理

在 conda 中可以建立多个用于分离的项目需要的不同版本工具包的管理环境，以防止版本不同而产生冲突。Python2 和 Python3 两个环境可以同时被建立，以便运行不同版本的 Python 代码。

Anaconda Navigator 是用于管理工具包和环境的图形用户界面，后续涉及的众多管理命令也可以在 Navigator 中手动实现。

3. Anaconda 工具

① Jupyter notebook 一种 Web 文档，能够将文本、图像、代码全部组合到一个文档中，已经成为数据分析的标准环境。

② QtConsole 一个可执行 IPython 的仿终端图形界面程序，相比 Python Shell 界面，QtConsole 可以直接显示代码生成的图形，实现多行代码输入执行。它含有许多功能和函数。

③ spyder 一个使用 Python 语言、跨平台的科学运算集成开发环境。

4. Anaconda 的安装

下载地址：https://www.anaconda.com/download/。

（1）打开官网，能够进入如图 1.20 所示的页面。

图 1.20 Anaconda 官网

（2）选择如图 1.21 所示的所需系统的相应下载包，按照提示步骤进行安装。

图 1.21 下载不同系统界面

1.5　编写 Hello World 程序

1. 使用带提示符的解释器输出

方法一：

（1）首先到计算机桌面，同时按下 Win+R 键打开"运行"，输入 cmd，如图 1.22 所示，单击"确定"按钮，结果如图 1.23 所示。

图 1.22　Win+R 界面

图 1.23　命令行界面

（2）在图 1.23 中输入 python，得到图 1.24。如果得不到如下结果，需要配置"环境变量"。

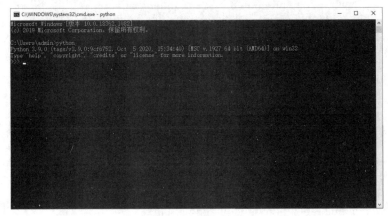

图 1.24　输入结果

（3）输入 print（"Hello World"），运行即输出 Hello World，如图 1.25 所示。

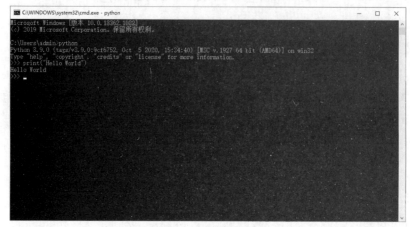

图 1.25　运行结果

方法二：

在桌面上新建一个 txt 格式文档，并输入 print("Hello World")，将文档保存，文件名改为"hello.py"。然后用上述方式输入 python hello.py，即输出 Hello World。

方法三：

使用自带的 IDLE 工具编写，具体方法见图 1.15。

2．使用编辑器输出

（1）启动 PyCharm，右击 py，选择 New→Python File 选项，如图 1.26 和图 1.27 所示。

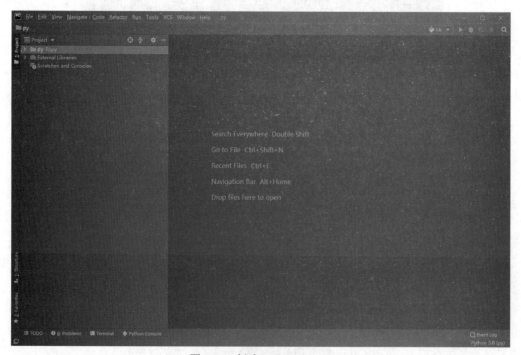

图 1.26　创建 hello.py（1）

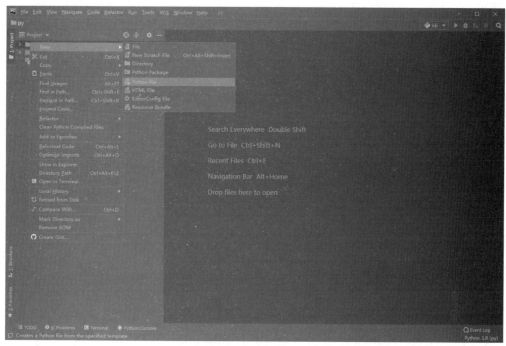

图 1.27 创建 hello.py（2）

（2）创建一个 hello.py 的文件，如图 1.28 所示。

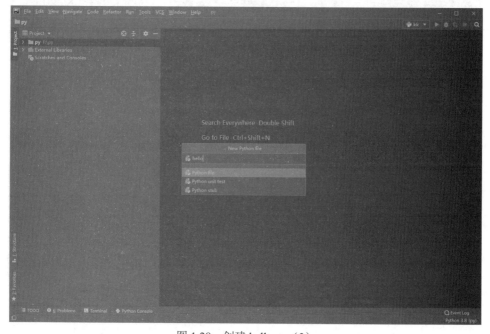

图 1.28 创建 hello.py（3）

（3）在右侧编辑区输入 print('Hello World')，然后在该编辑区单击右键，选择 Run 'hello'，得到输出 Hello World，如图 1.29～图 1.31 所示。

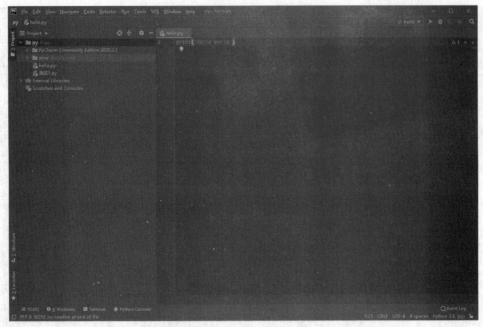

图 1.29　编辑 hello.py

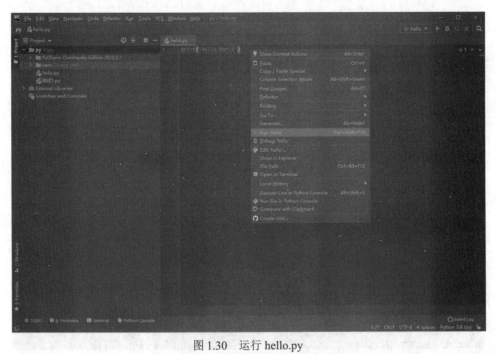

图 1.30　运行 hello.py

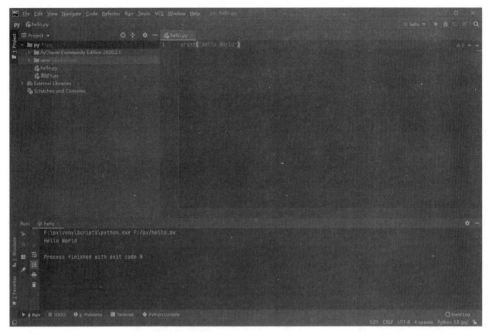

图 1.31　运行结果

注意

在 Python 程序编写过程中，有些代码中英文输入下的单引号和双引号分别为' 和"，但是，在查阅了已经公开发行的教材和网络资源中，将单引号和双引号分别写为'和"。其实，在部分 Python 编辑器中，输入的英文单引号' 和双引号" 会自动转化为'和"，这种显示问题与 Python 编辑器有关，与输入的方法无关。这两种显示方式均为正确的语法要求，初学者不必在意两者之间的区别。

本 章 小 结

本章主要讲述 Python 的基础知识。首先从 Python 的基本概念入手，讲述 Python 的发展历史和版本，以及 Python 的特点及应用。接下来讲述在 Windows、Linux、Mac OS 三种不同系统中的环境搭建方式。最后介绍 Python 的三种编辑工具、Python 使用的编码规范问题以及如何使用 Python 编写最简单的 Hello World 程序。

习　　题

一、选择题

1. Python 编程语言的类型是（　　）。

A. 机器语言　　　　B. 解释　　　　　C. 编译　　　　D. 汇编语言

2. 在 Python 中能体现语句之间的逻辑关系（　　　）。
　　A. { }　　　　　　　B. ( )　　　　　　　C. 缩进　　　　　　D. 自动识别逻辑

3. Python 语句 print(" 世界，你好")的输出是（　　　）。
　　A. （"世界，你好"）　B. ""世界，你好"　C. 世界，你好　　　D. 运行结果出错

4. Python 的输入来源包括（　　　）。
　　A. 文件输入　　　　　B. 控制台输入　　　C. 网络输入　　　　D. 以上都是

5. 以下不属于 Python 语言特点的是（　　　）。
　　A. 语法简洁　　　　　B. 依赖平台　　　　C. 支持中文　　　　D. 类库丰富

6. 以下不是 IPO 模式的是（　　　）。
　　A. input　　　　　　B. program　　　　C. process　　　　D. output

7. Python 解释器在语法上不支持的编程方式是（　　　）。
　　A. 面向过程　　　　　B. 面向对象　　　　C. 语句　　　　　　D. 自然语言

8. 关于 Python 版本，以下说法正确的是（　　　）。
　　A. Python3.x 是 Python2.x 的扩充，语法层无明显改进
　　B. Python3.x 代码无法向下兼容 Python2.x 的既有语法
　　C. Python2.x 和 Python3.x 一样，依旧在不断发展和完善
　　D. 以上说法都正确

9. 采用 IDLE 进行交互式编程，其中">>>"符号是（　　　）。
　　A. 运算操作符　　　　B. 程序控制符　　　C. 命令提示符　　D. 文件输入符

10. 关于 Python 语言，以下说法错误的是（　　　）。
　　A. Python 语言由 Guido van Rossum 设计并领导开发
　　B. Python 语言由 PSF 组织所有，这是一个商业组织
　　C. Python 语言提倡开放开源理念
　　D. Python 语言的使用不需要付费，不存在商业风险

二、填空题

1. Python 安装扩展库常用的是_____工具。

2. Python 源代码程序编译后的文件扩展名为_____。

3. 使用 pip 工具查看当前已安装的 Python 扩展库的完整命令是_____。

4. 使用 pip 工具安装科学计算扩展库 Numpy 的完整命令是_____。

第2章 Python 基础语法

2.1 变　　量

2.1.1 变量的命名

Python 语言中，对变量进行命名的时候，为了使代码更加容易理解和分析，需要遵守一些规定和要求。

（1）变量名只能由字母、数字和下画线组成，并且只能由字母或下画线开头，绝对不允许由数字开头。例如，可以将变量命名为 name_1、_name、name，但是不允许命名为 1_name。代码如下：

```
name_1 = 'nice'
print(name_1)
```

得出结果：

```
nice
```

若将变量命名为 1_name，代码如下：

```
1_name = 'good'
print(1_name)
```

运行这段代码将会出现以下错误：

```
1_name='good'
    ^
SyntaxError: invalid decimal literal
```

（2）变量名不能包含空格（可以用下画线分隔两个单词）。例如，可以将变量命名为 word_good，但是不允许命名为 word good。代码如下：

```
Word_good = 'nice'
print(word_good)
```

得出结果：

```
nice
```

若将变量命名为 word good，代码如下：

```
word good = 'nice'
print(word good)
```

运行这段代码将会出现以下错误：

```
word good='nice'
        ^
SyntaxError: invalid syntax
```

从上面的例子中可以得出变量的命名需要遵守一定的规则，正确且规范的命名不仅会提高程序的易读性，还可以避免一些不必要的错误。Python 语言中变量命名规则如下：

（1）尽量使得变量有具体意义，见名知意，如 name、age、school 等变量。

（2）变量名只能由下画线、数字、字母组成，不可以是空格或特殊字符，如(#?<.,￥$*!~)等。

（3）不能以中文为变量名。

（4）不能以数字开头。

（5）关键字符不可以作为变量名，如 print、type 等。

2.1.2　变量的使用

1. 变量赋值

为变量 a 赋值 Hello，操作如下：

```
a = "Hello!"
print(a)
```

得出结果：

```
Hello!
```

Python 是一门弱类型语言，在定义变量时不需要定义变量的类型，即在一个变量中，既可存储整型值，也可以存储字符串类型的值。而 C、Java 等是强类型语言，如果定义了变量类型，就不能再重复定义。

在 Python 程序编写中，很容易错误地使用变量名称，示例如下：

```
words = 'How are you!'
print(word)
```

得出结果：

```
Traceback (most recent call last):
        File "E:/python_pycharm/test.py", line 8, in <module>
        print(word)
NameError: name 'word' is not defined
```

Python 会帮助指出大多数语法问题。当输入的代码出现错误时，Python 解释器会给出一个错误提示。上述错误提示指出，第 8 行有错误，即变量 word 没有被定义，即 Python 不能识别变量 word。

2. 修改变量信息

在编写程序的过程中经常需要修改变量的值。例如，变量 word 的值更改为 Nice 与 3，并将原始变量结果和修改后的结果输出。结果示例如下：

```
word = "Good"
print(word)
word = "Nice"
print(word)
word = 3
print(word)
```

得出结果：

```
Good
Nice
3
```

从上述示例可以发现，为变量重新赋值后，将覆盖原有变量的值，并保存新的赋值结果。

2.2　简单数据类型

2.2.1　字符串

对于字符串，有三个基本操作，如表 2.1 所示。

表 2.1　基本的字符串操作符

操作符	描述
x+y	连接两个字符串 x 和 y
x*n	将字符串 x 复制 n 次
x in s	如果 x 是 s 的子串，则返回 True，否则返回 False

在 Python 中，提供了一些内置的字符串处理函数，如表 2.2 所示。

表 2.2　字符串处理函数

函数	描述
len(x)	返回字符串的长度，也可以返回其他组合数据类型的元素个数
str(x)	返回任意类型字符串对应的形式
chr(x)	返回 Unicode 编码 x 对应的单字符
ord(x)	返回单字符 x 表示的 Unicode 编码
hex(x)	返回整数 x 对应的十六进制数的小写形式字符串
oct(x)	返回整数 x 对应的八进制数的小写形式字符串

表 2.3 中列出了常用的字符串处理方法，其中 str 代表一个字符串或者字符串变量。

表 2.3   常用的字符串处理方法

方法	描述
str.lower( )	返回字符串 str 的副本，全部字符小写
str.upper( )	返回字符串 str 的副本，全部字符大写
str.split(sep = None)	返回一个列表，由 str 根据 sep 所定义进行分割，省略 sep 则默认以空格分割
str.count(sub)	返回 sub 子串出现的次数
str.replace(old,new)	返回字符串 str 的副本，所有 old 子串被替换为 new
str.center(width,fillchar)	字符串居中函数，fillchar 参数可选
str.strip(chars)	从字符串 str 中去掉在其左侧和右侧 chars 中列出的字符
str.join(iter)	将 iter 变量的每一个元素后增加一个 str 字符串

字符串可以使用单引号括起来，也可以用双引号括起来，形式如下：

```
"This is python"
'This is python'
```

1. 修改字符串字母的大小写

修改字符串中字母的大小写是最简单的操作。Python 中用 title()方法把字符串首字母修改成大写形式，用 upper()方法把字符串里的字母全部修改成大写形式，用 lower()方法把字符串里的字母全部修改成小写形式。下面举例说明，先看 name.title()：

```
Name = "good idea"
print(name.title())
```

得出结果：

```
Good Idea
```

可以看到 good idea 变为 Good Idea，即将单词的首字母由小写变为大写。这里执行的操作是 name.title()，title()的作用是将单词的首字母变为大写字母。当需要把输入的姓名数据的首字母改成大写时，这个函数就会起到非常大的作用。

有时也需要将字符串中的字母全部变为大写或者小写字母，便可以使用 upper()、lower()，示例代码如下：

```
print(name.upper())
print(name.lower())
```

得出结果：

```
GOOD IDEA
good idea
```

可以看出，upper()是将字母全部变为大写，lower()是将字母全部变为小写。

2. 字符串的拼接

在处理问题时，往往需要将不同变量在显示时合并在一起，例如，姓和名存储在两个不同的变量中，显示时想将它们合并为完整的姓名，此时就需要进行字符串的拼接。

Python 中使用加号"+"合并字符串。使用加号合并姓名的程序代码如下：

```
first_name = 'Jason'
last_name = 'Statham'
full_name = first_name+" "+last_name
print(full_name)
```

得出结果：

```
Jason Statham
```

通过拼接，可以把变量整合成一条完整的信息，例如，想要向某人打招呼时，就可以通过以下代码实现：

```
first_name = 'Jason'
last_name = 'Statham'
full_name = first_name + " " +last_name
print('Hello,'+full_name+'!')
```

得出结果：

```
Hello,Jason Statham!
```

同时，还可以使用 title()将姓名中的首字母调整成合适的语句，代码如下：

```
first_name = 'jason'
last_name = 'statham'
full_name = first_name+" "+last_name
print('Hello,'+full_name.title()+'!')
```

得出结果：

```
Hello,Jason Statham!
```

3. 制表符和换行符的使用

在编写程序的过程中，适当地使用制表符"\t"和换行符"\n"等转义符可以提升运行结果的展示效果。

制表符的作用是对齐表格数据的各列，操作如下：

```
# 制表符的写法是\t，作用是对齐表格的各列
print("学号\t\t 姓名\t\t 语文\t\t 数学\t\t 英语")
print("2017001\t 曹操\t\t99\t\t88\t\t0")
print("2017002\t 周瑜\t\t92\t\t45\t\t93")
print("2017008\t 黄盖\t\t77\t\t82\t\t100")
```

得出结果：

学号	姓名	语文	数学	英语
2017001	曹操	99	88	0
2017002	周瑜	92	45	93
2017008	黄盖	77	82	100

在编写程序时，如果想要对输出结果进行换行显示，可以使用换行符"\n"，操作如下：

```python
#换行符的写法是\n，作用为换行
print('A\nB\nC\nD')
```

得出结果：

```
A
B
C
D
```

在编写程序时，可以同时使用制表符和换行符，操作如下：

```python
print('A\n\tB\nC\n\tD')
```

得出结果：

```
A
    B
C
    D
```

4. 删除空格

在编写程序的过程中，不恰当地使用空格进行程序分隔可能会适得其反，如'good '和'good'为两个不同的字符串。

如果要删除程序中字符串开头的空格，可以使用 lstrip()。示例如下：

```python
word = ' good'
print(word.lstrip())
print(word)
```

得出结果：

```
good
 good
```

可以看出，多余的空格可以被删除，但执行的结果不会保存到原有的变量之中。如果想删除字符串中的空格，需要将执行后的结果进行保存。示例如下：

```python
word = ' good'
print(word.lstrip())
print(word)
```

```
word = word.lstrip()
print(word)
```

得出结果:

```
good
  good
good
```

删除字符串末尾的空格可以使用 rstrip(),开头和末尾的空格同时删除可使用 strip()。示例如下:

```
word = ' good '
print(word.lstrip())
print(word.rstrip())
print(word.strip())
```

得出结果:

```
good
  good
good
```

5. 字符串中使用转义字符

在程序中经常会碰到各种各样的错误,只要程序中包含编译器不能识别的代码时便会导致语法错误。首先看两个例子。

代码如下:

```
words = "His name is 'Tom'."
print(words)
```

得出结果:

```
His name is 'Tom'.
```

代码如下:

```
words = 'His name is 'Tom'.'
print(words)
```

得出结果:

```
File "E:/python_pycharm/test.py", line 27
words = 'His name is 'Tom'.'
            ^
SyntaxError: invalid syntax
```

在为变量赋值时,可以使用单引号和双引号,但字符串中出现相同的单引号和双引号时,程序就会出现错误。此时,便可以使用转义符"\",如'His name is \'Tom\'.',或"His name is \"Tom\"."。

```
words = "His name is \"Tom\"."
print(words)
```

得出结果：

```
His name is "Tom".
```

对于打开文件时的操作，需要制定文件的地址，如'C\windows\test.txt'，此时，需要将该地址定义为 r'C\windows\test.txt'、'C\\windows\\test.txt'、'C/windows/test.txt'的形式。

2.2.2　数字

数字（number）类型是 Python 最为基础的类型之一，数字类型顾名思义是对数值进行存储。需要注意的是，和 Java 的字符串很相似，在改变了数字数据的类型的值后，将重新分配其内存空间。

Python 有多种内置的数字类型，其中比较常见的 4 种数字类型是整数（int）、浮点数（floot）、布尔（bool）和复数（complex）。Python 可以简化很多复杂的技术过程，那么就需要计算机对数据进行操作和运算，其中最为简洁的方法是使用恰当的运算符，进行数据的运算。

在 Python 中，提供了一些数值运算的操作符，如表 2.4 所示。

表 2.4　数值运算操作符

操作符及运算	描述
x+y	x 与 y 之和
x−y	x 与 y 之差
x*y	x 与 y 之积
x/y	x 与 y 之商
x//y	x 与 y 之整数商
x%y	x 与 y 之商的余数
−x	x 的负值
+x	x 本身
x**y	x 的 y 次幂

在 Python 中还内置了一些数值运算的函数，如表 2.5 所示。

表 2.5　内置的数值运算函数

函数	描述
abs(x)	x 的绝对值
divmod(x,y)	(x//y,x%y)
pow(x,y)或 pow(x,y,z)	x**y 或 (x**y)%z，幂运算
round(x)或 round(x,d)	对 x 四舍五入，保留 d 位小数，无参数 d 则返回四舍五入的整数值
max( )	返回最大值
min( )	返回最小值

1. 整数

在 Python 编程中，可以对整数进行加、减、乘、除运算，分别使用"+""-""*""/"进行运算，如下所示：

```
x = 4 + 5
y = 5 - 4
m = 4 * 5
n = 5 / 4
print(x)
print(y)
print(m)
print(n)
```

得出结果：

```
9
1
20
1.25
```

注意

"/"表示浮点数除法，返回浮点结果。"//"表示整数除法，返回为整数。

在 Python 编程中，可以使用两个乘号表示乘方运算，即"**"。

```
x = 4 ** 3
print(x)
```

得出结果：

```
64
```

Python 语言编程支持运算的优先级处理，可以在一个算术表达式中使用多种运算，系列代码如下：

```
x = 3 + 4 * 5
print(x)
```

得出结果：

```
23
```

在 Python 编程中可以使用括号改变运算优先级，可以完全按照程序员指定的运算次序进行运算，系列代码如下：

```
x = (4 + 5) ** 2
print(x)
```

得出结果：

```
81
```

在 Python 编程中进行算术运算时，空格不会影响计算表达式，其目的在于阅读代码时可以方便确定执行运算的先后。

2. 浮点数

在编写程序的过程中，涉及小数运算时，就需要使用浮点数。

```
x = 0.1 + 0.1
y = 0.2 + 0.2
m = 0.1 * 2
n = 0.2 * 2
print(x)
print(y)
print(m)
print(n)
```

得出结果：

```
0.2
0.4
0.2
0.4
```

下面这段代码就出现了小数位数可能不确定的情况：

```
x = 0.2 + 0.1
y = 3 * 0.1
print(x)
print(y)
```

得出结果：

```
0.30000000000000004
0.30000000000000004
```

从上述结果可以看出，小数位数可能不确定。当然，所有编程语言中都存在此类问题，但在 Python 中，得出结果会尽可能精确。

3. 复数

复数类型表示数学中的复数。在 Python 中，复数可以看作是二元有序实数对(a, b)，表示 a+bj，虚数部分可以通过后缀"J"或"j"表示。复数类型中，实部和虚部都是浮点类型，对于复数 z，可以用 z.real 和 z.imag 分别获得它的实数部分和虚数部分，示例代码如下：

```
a = (123 + 567j).real
```

```
b = (123 + 567j).imag
c = 123 + 567j.imag  # 先获得虚部再与实部相加进行求和
print(a, b, c)
```

得出结果：

```
123.0  567.0  690.0
```

4. 在使用函数 str()时需要避免的错误

先看一个例子：

```
age = 24
words = "Happy" + age +"rd Birthday!"
```

得出结果：

```
Traceback (most recent call last):
  File "E:/python_pycharm/test.py", line 62, in <module>
    words ="Happy"+age+"rd Birthday!"
TypeError: can only concatenate str (not "int") to str
```

或许会觉得上面的代码应该是打出生日祝福语：Happy 24rd Birthday! 但是实际情况却是出现错误。

这就说明编译器无法识别代码，原因在于编译器认为用了一个值为整数的变量，但是编译器不能正确识别这个值，编译器认为 age 这个变量表示的可能是数值 24，或者是字符 2 和 4。类似这种要在字符串中使用整数的情况下，就需要用到函数 str()，这样 Python 就会将这个整数用作字符串，即将非字符串值表示为字符串，示例代码如下：

```
Age = 24
words = "Happy " + str(age)+ "rd Birthday!"
print(words)
```

得出结果：

```
Happy 24rd Birthday!
```

在使用函数 str()后，编译器就会将数值 24 转换为字符串，就会在打印出的消息中显示字符 24，这样就不会出现错误。

2.3　运　算　符

2.3.1　算术运算符

1. 加法运算符

加法运算符可以用于两个数相加，也可以用于两个字符串相加，还可以用于整数和浮点数相加。但是，当数字和字符串相加时就会报错。示例代码如下：

```
x = 2 + 3
y = "2" + "3"
z = 2 + 1.2
print(x)
print(y)
print(z)
```

得出结果：

```
5
23
3.2
```

如果输入以下代码：

```
x = 2 + "3"
print(x)
```

会得出报错结果：

```
Traceback (most recent call last):
File "E:/python_pycharm/test.py", line 11, in <module>
    x=2+"3"
TypeError: unsupported operand type(s) for +: 'int' and 'str'
```

2. 减法运算符

减法运算符的程序输入示例代码如下：

```
x = 3 - 2
y = 3 - 5
z = 3 - 2.5
print(x)
print(y)
print(z)
```

得出结果：

```
1
-2
0.5
```

3. 乘法运算符

乘法运算符的程序输入示例代码如下：

```
x = 3 * 4
y = 2.5 * 4
print(x)
print(y)
```

得出结果：

```
12
10.0
```

4. 除法运算

除法运算符的程序输入示例代码如下：

```
x = 9 / 3
y = 10 / 3
m = 10.0 / 3
n = 1 / 2.0
print(x)
print(y)
print(m)
print(n)
```

得出结果：

```
3.0
3.3333333333333335
3.3333333333333335
0.5
```

5. 模运算

模运算符的程序输入示例代码如下：

```
x = 10 % 3
y = 15 % 3
print(x)
print(y)
```

得出结果：

```
1
0
```

6. 指数运算

指数运算符的程序输入示例代码如下：

```
x = 2 ** 3
y = 3 ** 2
print(x)
print(y)
```

得出结果：

```
8
9
```

2.3.2　比较运算符

1）==

检验两个操作数的值是否相等，如果相等则条件为真，反之为假。

例如，a=3，b=3 则（a==b）为 True，反之为 False。

2）!=

检验两个操作数的值是否相等，如果不相等则条件为真，反之为假。

例如，a=1，b=3 则（a!=b）为 True，反之为 False。

3）>

检验左边操作数的值是否大于右边操作数的值，如果是则条件为真，反之为假。

例如，a=3，b=1 则（a>b）为 True，反之为 False。

4）<

检验左边操作数的值是否小于右边操作数的值，如果是则条件为真，反之为假。

例如，a=1，b=3 则（a<b）为 True，反之为 False。

5）>=

检验左边操作数的值是否大于或等于右边操作数的值，如果是则条件为真，反之为假。

例如，a=3，b=3 则（a>=b）为 True，反之为 False。

6）<=

检验左边操作数的值是否小于或等于右边操作数的值，如果是则条件为真，反之为假。

7）is

检验 is 前后的内容是否是同一对象，如果是则条件为真，反之为假。

8）is not

检验前后的内容不是相同的对象，如果不是则条件为真，反之为假。

9）in

检验前面的对象是否是后面容器中的对象。如果是则条件为真，反之为假。

例如，a in b 则来用判断 a 是否是容器 b 中的对象。

10）not in

检验前面的对象不是后面容器中的对象，如果不是则条件为真，反之为假。

例如，a=3，b=3 则（a<=b）为 True，反之为 False。打开命令行（cmd），执行 Python 命令，输入以下代码：

```
3 == 3
```

得出结果：

```
True
```

输入代码如下：

```
1 != 3
```

得出结果：

```
True
```

输入代码如下：

```
1 > 3
```

得出结果：

```
False
```

输入代码如下：

```
3 < 1
```

得出结果：

```
False
```

输入代码如下：

```
3 >= 3
```

得出结果：

```
True
```

输入代码如下：

```
3 <= 3
```

得出结果：

```
True
```

2.3.3　赋值运算符

最常用的赋值运算符是"="，即将右边操作数的值赋值给左边。示例代码如下：

```
a = 2
b = 3
c = a + b
print(c)
```

得出结果：

```
5
```

如果想要这样操作：a=2，a=a+3，就是在 a 的基础上加 3 再赋值给 a，就可以写成
a+=3。"−=""*=""/="这三个运算符和"+="是同样的语法规则。示例代码如下：

```
a = 10
a += 2
print(a)
```

得出结果：

```
12
```

示例代码如下：

```
a = 10
a -= 2
print(a)
```

得出结果：

```
8
```

示例代码如下：

```
a = 10
a *= 2
print(a)
```

得出结果：

```
20
```

示例代码如下：

```
a = 10
a /= 2
print(a)
```

得出结果：

```
5.0
```

2.3.4 逻辑运算符

（1）and：运算符两边操作数都是真，其结果才为真，否则为假。

（2）or：运算符两边操作数只要一个为真，其结果就为真；两个都为假时，其结果才为假。

（3）not：把假变成真，把真变成假。打开命令行（cmd），执行 Python 命令，输入如下代码：

```
3 > 2 and 4 > 2
```

得出结果：

```
True
```

输入代码如下：

```
3 > 2 and 2 > 3
```

得出结果：

```
False
```

输入代码如下：

```
3 > 2 or 2 > 3
```

得出结果：

```
True
```

输入代码如下：

```
not 3 > 2
```

得出结果：

```
False
```

输入代码如下：

```
not 3 < 2
```

得出结果：

```
True
```

2.4　控 制 语 句

2.4.1　选择语句

在编写程序时经常需要检查一系列的条件，并且根据这个条件决定接下来要采取的措施。选择语句即 if 语句可以使开发者更快速地检查程序状态，进而采取对应措施。下面首先介绍条件测试，再学习 if 语句。

1. 条件测试

每一条 if 语句都是一个值为 True 和 False 的表达式，这种表达式称为条件测试。在编译器中会根据条件测试的值是 True 还是 False 来决定是否执行语句中的代码。如果条件测试为 True，编译器就会执行 if 后面的语句代码；如果条件测试为 False，编译器就不会执行 if 后面的语句代码。

在 Python 程序中，经常会碰见需要将某一个变量的当前值和特定值进行比较的情况，为了观察编译器中如何检查变量的当前值和特定值是否相等，在命令行（cmd）界面执行 Python 命令，输入以下代码：

```
color = 'black'
color == 'black'
```

得出结果：

```
True
```

在开发程序时，首先需要知道连等号"=="在两边相等时，返回值为 True。在两边不相等时，返回值为 False。首先把变量 color 的当前值设定为 black，下一行代码则是使用连等号"=="检查变量 color 的值是否为 black。在这个示例中，连等号两边的值相等，返回值自然就为 True，如果变量 color 的值不是 black，返回值就会是 False。示例代码如下：

```
color = 'red'
color == 'black'
```

得出结果：

```
False
```

需要注意的是在检查变量是否前后相等时，Python 会区别大小写，观察下面操作：

```
color = 'red'
color == 'Red'
```

得出结果：

```
False
```

这样的区别当然具有实际意义。但是当不想判断字符中的大小写时，程序员应该怎样解决这个问题呢？在 Python 编程中使用前面学习的将字符串字母大小写进行转变的函数，如 title()、upper()、lower()函数，就可以在不在意大小写的情况下修改字符串的大小写形式，观察下面例子：

```
color = 'Red'
color.lower()== 'red'
```

得出结果：

```
True
```

这里不管字符串 Red 是怎样的形式，在函数 lower()的作用下，都会将字符串中的字母全部修改为小写形式，这种修改在特定的情形下可以起到非常重要的作用。

下面使用条件测试比较数字，操作如下：

```
number = 6
number == 6
```

得出结果：

```
True
```

这是在数字相同时的条件测试。可以看出，两个数字相同时，返回值为 True。如果数字不相同时，就会显示：

```
That is not the correct answer. Please try again!
```

条件测试不仅可以比较相等和不相等，还可以测试各种复杂的数学比较，如小于、大于、小于等于、大于等于。

示例代码如下：

```
number = 6
number < 8
```

得出结果：

```
True
```

示例代码如下：

```
number = 6
number <= 6
```

得出结果：

```
True
```

条件测试不仅可以检查单个条件，还可以检查多个条件。当检查多个条件时，就需要使用关键字 and 和 or。使用关键字 and 进行条件测试时，需要满足所有的条件，结果才会返回 True。当用关键字 or 进行条件测试时，只需要满足其中一个条件便会返回 True。

示例代码如下：

```
number_1 = 6
number_2 = 9
number_1 <= 6 and number_2 >= 8
```

得出结果：

```
True
```

示例代码如下：

```
number_1 = 6
number_2 = 9
number_3 = 12
number_1 <= 6 and number_2 >= 8 and number_3 >= 13
```

得出结果：

```
False
```

示例代码如下：

```
number_1 = 6
number_2 = 9
number_3 = 12
number_1 >= 5 or number_2 >= 10 or number_3 >= 15
```

得出结果：

```
True
```

示例代码如下：

```
number_1 = 6
number_2 = 9
number_3 = 12
number_1 >= 8 or number_2 >= 10 or number_3 >= 15
```

得出结果：

```
False
```

条件测试还可以用于检查特定值是否包含在列表中，通常使用关键字 in。示例代码如下：

```
color = ['black', 'white', 'red']
'black' in color
```

得出结果：

```
True
```

示例代码如下：

```
color = ['black', 'white', 'red']
'blue' in color
```

得出结果：

```
False
```

条件测试还可以检查特定值是否不包含在列表中，即在某些情况下，希望特定值不在列表中时返回值为 True，反而在列表中时返回值为 False。这个时候就需要使用关键字 not in。示例代码如下：

```
color = ['black', 'white', 'red']
'black' not in color
```

得出结果：

```
False
```

可以看出特定值 black 在列表 color 中，但是条件测试为特定值 black 是否不在列表 color 中，容易理解此时返回值就变为 False。下面再对比看返回值为 True 时的代码：

```
color = ['black', 'white', 'red']
'blue' not in color
```

得出结果：

```
True
```

特定值 blue 不在列表 color 中，但是条件测试为特定值 blue 是否不在列表 color 中，此时返回值自然就为 True。

2. 简单 if 语句

简单 if 语句只有一个测试和一个操作。例如，在日常生活中会碰到这样一个问题，要确认某人是否成年，就可以使用如下代码：

```
age = 17
if age >= 18:
    print("你成年了")
```

但是在运行程序结果中，不会显示任何输出，这是因为程序输入的 age 为 17，小于 18，不满足条件，所以在 if 语句的判断下就不能进行下一步打印操作。

```
age = 19
if age >= 18:
    print("你成年了！")
```

得出结果：

```
你成年了！
```

从上述结果可以看出，age 大于等于 18 成立，便可以执行下一步语句。

3. if-else 语句

在编写程序的时候，经常会面对这样一个问题：条件测试通过了执行一个操作，条件测试没有通过则执行另外一个操作。此时，就需要用到 if-else 语句。下面的代码就可以完整地显示测试者是否已经成年，小于 18 岁时显示"你未成年"，大于等于 18 岁显示"你成年了"。

```
age = 17
if age >= 18:
    print("你成年了")
else:
    print("你未成年")
```

得出结果：

```
你未成年
```

4. if-elif-else 语句

在实际情况中，需要考虑的情形往往都会超过两种，就需要用到 if-elif-else 结构。
有这样一个问题：
当乘客年龄小于 12 岁时，免票；
当乘客年龄大于等于 12 岁，而小于 18 岁时，半价，费用为 50 元；
当乘客年龄大于等于 18 岁时，全票，费用为 100 元。

代码如下：

```
age = 16
if age < 12:
    print("免票")
elif age < 18:
    print("半票，费用为50元")
else:
    print("全票，费用为100元")
```

得出结果：

```
半票，费用为50元
```

5. 多个 elif 的使用

在面对多于三种情形时，就可以使用多个 elif。

假设需要处理的情况如下：

当乘客年龄小于 12 岁时，免票；

当乘客年龄大于等于 12 岁，而小于 18 岁时，半价，费用为 50 元；

当乘客年龄大于等于 18 岁时，全票，费用为 100 元；

当乘客年龄大于等于 65 岁时，半票，费用为 50 元。

代码如下：

```
age = 66
if age < 12:
    print("免票")
elif age < 18:
    print("半票，费用为50元")
elif age < 65:
    print("全票，费用为100元")
else:
    print("半票，费用为50元")
```

得出结果：

```
半票，费用为50元
```

6. 不使用 else 的情形

选择语句中 else 的功能是在前面的条件都不满足时，就执行 else 语句。在编写程序时如果放弃使用 else 语句块，继续选择使用 elif 语句块，可以使得程序代码表达更加直观。

重新考虑上面的游客购票情形，收费标准还是一样，仅仅修改的是将 else 语句块改为 elif 语句块，修改后的代码如下：

```
age = 66
if age < 12:
    print("免票")
 elif age < 18:
    print("半票，费用为 50 元")
 elif age < 65:
    print("全票，费用为 100 元")
 elif age >= 65
    print("半票，费用为 50 元")
```

得出结果：

半票，费用为 50 元

2.4.2　循环语句

Python的循环语句包括遍历循环（即for循环）和无限循环（即while循环）。

1. 遍历循环

遍历循环是遍历某个结构形成的循环运行方式，可以从遍历结构中逐一提取元素，放在循环变量中，由保留字 for 和 in 组成。完整遍历所有元素后结束，每次循环，所获得元素放入循环变量，并且执行一次语句块。

例如，计数循环（N 次）操作如下：

```
for i in range(5):
    print(i)
```

得出结果：

```
0
1
2
3
4
```

遍历由 range()函数产生的数字序列产生循环，接下来观察特定次的计数循环。示例代码如下：

```
for i in range(1, 5):
    print(i)
```

得出结果：

```
1
2
3
4
```

可以看到，输出的数字为 1 到 4（从 1 开始，到 4 结束）。再看一下添加步长后的输出结果：

```
for i in range(1, 6, 2):
    print(i)
```

得出结果：

```
1
3
5
```

这个是步长为 2 的输出结果，即从 1 开始，接下来的数字依次加 2，直到 6 结束。遍历循环还可以应用在字符串上，形成字符串遍历循环。

例如，字符串遍历循环：

```
for c in "python123":
    print(c, end = ",")
```

得出结果：

```
p,y,t,h,o,n,1,2,3,
```

在这里字符串是一种可以遍历的结构。

接下来，观察列表遍历循环：

```
for item in [123, "python", 456]:
    print(item, end = ",")
```

得出结果：

```
123,python,456,
```

由上面的这些例子可以看出，遍历循环是用保留字 for 和 in 形成的一种循环，它能够对遍历结构中的每一个元素赋予当前的循环变量并且构成循环，包括计数循环、N 次的计数循环或者特定次的计数循环。还可以对字符串进行遍历循环，对列表进行遍历循环，对文件进行遍历循环，甚至可以对元组类型进行遍历循环。

2. 无限循环

无限循环是由条件控制的循环运行方式，不再是遍历某一个结构，而是根据某个条件来进行循环，反复执行语句块，直到条件不满足时结束。简单示例代码如下：

```
a = 3
while a > 0:
    a = a - 1
    print(a)
```

得出结果：

```
2
```

```
1
0
```

下面将介绍循环控制保留字，即 break 和 continue。

（1）break：跳出并结束当前整个循环，执行循环后的语句。

（2）continue：结束当前的循环，继续执行后续次数循环。

（3）break、continue 可以和 for、while 循环搭配使用。

先看循环控制保留字 continue。示例代码如下：

```
for c in "great":
    if c == "e":
        continue
    print(c, end = "")
```

得出结果：

```
grat
```

运行程序之后，发现字符串由 great 变为 grat。再看循环控制保留字 break，示例代码如下：

```
for c in "great":
    if c == "e":
        break
    print(c, end = "")
```

得出结果：

```
gr
```

从结果发现输出只有 gr，遇到字符 e 的时候，整个程序就不再继续循环，后面的字母不再被遍历，也就不会执行。由此，可以清晰地看到保留字 continue 和 break 的区别：continue 是结束当次循环，break 是结束整个循环。

2.5　基本的输入输出函数

2.5.1　input()函数

input()函数用于从控制台中获取用户的一行输入，不论输入什么内容，该函数都将输入的内容转换为字符串类型。使用方法如下：

```
a = input('请输入数字:')
print(a)
```

input()函数中的提示性文字可以由编程者所选择，在程序中，可以设置提示性文字，也可以不设置提示性文字。

2.5.2   eval()函数

eval()函数用于去除字符串中最外侧的引号，去除完成后，执行去除完成后的字符串内容。具体操作如下：

```
a = eval("2 + 3")
print(a)
```

得出结果：

```
5
```

2.5.3   print()函数

在 Python 中，print()函数用于输出运算的结果，并将运算的结果打印出来。具体操作如下：

```
print('Hello word')   # 输出字符串或单个变量


value = 123456
print(value, value, value)   # 输出多个变量


a = 123
b = 456
print("数字{}和数字{}的和为{}".format(a, b, a + b))   # 输出混合字符串与变量值的结果
```

得出结果：

```
Hello word
123456 123456 123456
数字 123 和数字 456 的和为 579
```

Python 的单引号和双引号没有本质的区别，而三引号有两种作用：注释和换行。单引号中可以包含双引号，双引号中可以包含单引号。单引号中包含单引号，双引号中包含双引号，只能通过"\"转义，如 print("我的爱好是\"python\"")。单引号、双引号内的回车换行，不是真正的换行，只有利用"\n"才能做到真正的换行。

2.5.4   format()函数

相对基本格式化输出采用%的方法，format()功能更强大。该函数把字符串当成一个模板，通过传入的参数进行格式化，并且使用大括号{}作为特殊字符代替%。

format()函数的基本用法如下：

（1）不带编号，即"{}"。

（2）带数字编号，可调换顺序，即"{1}""{2}"。

（3）带关键字，即"{a}""{tom}"。

示例代码如下:

```python
print('{} {}'.format('hello','world'))   # 不带字段
```

得出结果:

```
hello world
```

示例代码如下:

```python
print('{0} {1}'.format('hello','world'))   # 带数字编号
```

得出结果:

```
hello world
```

示例代码如下:

```python
print('{0} {1} {0}'.format('hello','world'))   # 打乱顺序
```

得出结果:

```
hello world hello
```

示例代码如下:

```python
print('{a} {tom} {a}'.format(tom='hello',a='world'))   # 带关键字
```

得出结果:

```
world hello world
```

示例代码如下:

```python
print('{} {}'.format('hello','world'))   # 不带字段
```

得出结果:

```
hello world
```

format()也可以对数字进行格式化的输出。例如, {:.2f}表示保留小数点后两位, {:+.2f}表示带符号保留小数点后两位, {:.0f}表示不带小数等。总结而言, ^、 <、> 分别是居中、左对齐、右对齐, 后面带宽度, : 号后面带填充的字符, 只能是一个字符, 不指定则默认是用空格填充。+ 表示在正数前显示 +, 负数前显示减号 -。(空格)表示在正数前加空格。b、d、o、x 分别是二进制、十进制、八进制、十六进制。具体可参考相关网络资源。

2.6　Python 之禅

在编写程序时, 都追求程序代码简洁明了, 经验丰富的程序员更是追求完美。用 Python 编写程序时, Python 社区的理念都包含在 Tim Peters 写的"Python 之禅"中, 已

经成为编写 Python 代码的基本指导原则。

在解释器中执行命令 import this 就可以呈现"Python 之禅"的结果。操作如下：

```
import this
```

得出结果：

```
The Zen of Python, by Tim Peters

Beautiful is better than ugly.
Explicit is better than implicit.
Simple is better than complex.
Complex is better than complicated.
Flat is better than nested.
Sparse is better than dense.
Readability counts.
Special cases aren't special enough to break the rules.
Although practicality beats purity.
Errors should never pass silently.
Unless explicitly silenced.
In the face of ambiguity, refuse the temptation to guess.
There should be one-- and preferably only one --obvious way to do it.
Although that way may not be obvious at first unless you're Dutch.
Now is better than never.
Although never is often better than *right* now.
If the implementation is hard to explain, it's a bad idea.
If the implementation is easy to explain, it may be a good idea.
Namespaces are one honking great idea -- let's do more of those!
```

"Python 之禅"的主要含义如下：Python 把优美的代码作为编写目标，代码应当是简洁明了、清晰易懂的，而不应该追求复杂、晦涩难懂。如果在程序中复杂的代码无法避免，那么在复杂的代码中条理也应该清晰。编写代码应具有可读性、可维护性、准确率、鲁棒性、稳定性、高效性等。

本 章 小 结

本章介绍变量命名的规则、数据类型、常用的运算符、控制语句和基本的输入输出函数。本章的目的在于编程者在编写程序时，需要遵守变量的命名规则，且恰当地使用控制语句来增加程序的易读性和结果的可控性。最后通过 Python 之禅的介绍，指导读者理解编写代码要尽可能简单的理念。

习　题

一、选择题

1. 下列变量名命名错误的是（　　）。

  A. name　　　　　　 B. name3　　　　　　 C. _name　　　　　　 D. 3 name

2. 下列命令可以把字符串首字母变成大写的是（　　）。

  A. title()　　　　　　 B. upper()　　　　　　 C. lower()　　　　　　 D. titleupper()

3 .在 Python 中，下列表示换行符的是（　　）。

  A. \t　　　　　　 B. \n　　　　　　 C. \s　　　　　　 D. \m

4. 下列选项中可以删除字符串开头的空格的是（　　）。

  A. fstrip()　　　　　　 B. rstrip()　　　　　　 C. lstrip()　　　　　　 D. strip()

5. 下列选项中不是 Python 中的数字类型的是（　　）。

  A. 整数　　　　　　 B. 分数　　　　　　 C. 浮点数　　　　　　 D. 复数

6. 下列操作不合法的是（　　）。

  A. 4 + 3　　　　　　 B. "4" + "3"　　　　　　 C. 4 + 2.5　　　　　　 D. 4 + "2"

7. 运行"a=10,a+=4，print(a)"代码后的输出结果是（　　）。

  A. 10　　　　　　 B. 4　　　　　　 C. 14　　　　　　 D. 6

8. 在 Python 中，下列选项中不是逻辑运算符的是（　　）。

  A. and　　　　　　 B. or　　　　　　 C. not　　　　　　 D. no

9. 在 Python 中，下列选项中不是比较运算符的是（　　）。

  A. !=　　　　　　 B. >　　　　　　 C. <　　　　　　 D. $\neq$

10. 运行"for i in rang(1,8,2),print(i)"代码后的输出结果是（　　）。

  A. 1 3 5 7　　　　　　 B. 1 2　　　　　　 C. 1 2 3 4 5 6 7 8　　　　　　 D. 1 8

二、编程题

1. 为变量 Food 命名 water，并运行出结果。

2. 将字符串"Hello world"中字母全部变为大写字母。

3. 先设定一个密码，再用 input 用户输入，使用 if 语句判断用户设定密码与输入密码是否一致，一致则输出"密码正确"，否则输出"密码错误"。

4. 使用循环语句计算 1~100 的累加和（含 1 和 100）。

5. 输入自己的身高和体重，根据 BMI 指数公式计算自己的 BMI 指数：体质指数（BMI）=体重（kg）/身高^2（m），并根据 BMI 指数判断出自己的体型。

体型参照：

BMI＜18.5　　　　　　　　过轻

18.5≤BMI＜25　　　　　　　正常

25≤BMI＜28　　　　　　　过重

28≤BMI＜32　　　　　　　肥胖

BMI≥32　　　　　　　　　严重肥胖

第3章 Python 基本图形绘制

3.1 示例：Python 蟒蛇绘制

学习 Python 基本图形绘制知识之前，先用程序绘制一条蟒蛇图案，然后再对代码进行分析。代码如下：

```python
import turtle

turtle.setup(650, 350, 200, 200)
turtle.penup()
turtle.fd(-250)
turtle.pendown()
turtle.pensize(25)
turtle.pencolor("purple")
turtle.seth(-40)

for i in range(4):
    turtle.circle(40, 80)
    turtle.circle(-40, 80)

turtle.circle(40, 80 / 2)
turtle.fd(40)
turtle.circle(16, 180)
turtle.fd(40 * 2 / 3)
turtle.done()
```

运行这个程序，便可以看见弹出一个窗体，里面动态生成了一条蟒蛇，如图 3.1 所示。

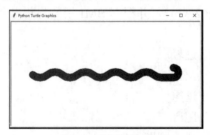

图 3.1 蟒蛇图形

3.2   turtle 库的使用

观察示例中的代码。在第一行中，import 是一个保留字，由它引入了一个绘图库 turtle。在整个代码段中，turtle 始终出现，由此可知 turtle 是这段代码运行的关键。turtle 的中文释义是海龟，因而也称 turtle 为海龟库。

1. turtle 库介绍

turtle 库是 Python 语言的标准库之一，是基本的图形绘制函数库。可以想象，在一个平面直角坐标系中（以 x 轴为横轴，以 y 轴为纵轴），海龟从原点（0，0）出发，受 Python 中的代码指令控制，在这个平面内移动，不断地移动，记录海龟的行进轨迹就会得到图形。

2. turtle 绘图窗体布局

画布是 turtle 展开用于绘图的区域，可以使用 turtle.setup 函数设置画布的大小和初始位置。在画布上，坐标原点被默认为画布中心。想象中的海龟从坐标原点朝向 x 轴正方向移动，画笔可以改变海龟的大小、颜色、移动速度。

turtle.setup 函数一共有四个参数：宽度、高度、起始点的横坐标和纵坐标。宽度、高度是指窗体的宽度和高度，起始点的横坐标和纵坐标是窗体左上角相对于屏幕左上角的坐标。所以，turtle.setup 函数是用来控制绘图窗口的大小和在屏幕上位置的。

例如，turtle.setup(800,400,0,0) 生成的窗体是位于屏幕左上角的一个窗体；turtle.setup(800,400) 生成的窗体是位于屏幕正中间的一个窗体。

3. turtle 空间坐标体系

turtle 空间坐标体系包括绝对坐标和海龟坐标。先观察绝对坐标，如图 3.2 所示。

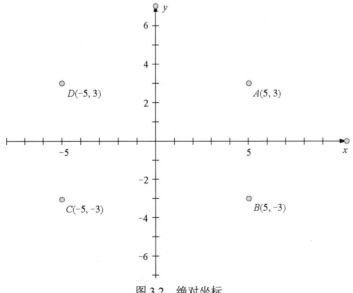

图 3.2   绝对坐标

可以看到，最中心坐标（0，0）位于窗口的正中心。规定上为正北方向，则正东方向为绝对坐标的 x 轴正方向，正北方向为绝对坐标的 y 轴正方向，与数学里的平面直角坐标系是一个道理。在绝对坐标中，需要学会使用 goto()函数，例如，turtle.goto(20, 30)是指到达坐标为（20, 30）的点。

海龟坐标如图 3.3 所示。

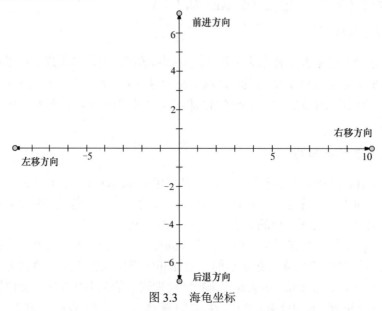

图 3.3   海龟坐标

对于海龟来说，它的当前方向是前进方向，则反方向是后退方向。turtle.fd(d)指向正前方移动 d 个单位长度，turtle.bk(d)指向后退方向移动 d 个单位长度，turtle.circle(r,angle)指的是以当前位置的左侧某个点为圆心进行曲线移动。

4. turtle 角度坐标体系

在绝对坐标体系中移动有一个绝对角度，在空间坐标体系中的 x 轴正方向表示°或者 360°，y 轴正方向表示 90°或者-270°，由此就形成了一个绝对角度的坐标体系。此处可以使用 seth()函数来改变海龟的行进角度，形如 turtle.seth(angle)，这里的 angle 是绝对度数，turtle.seth(90)是让海龟的移动方向朝向 90°方向。

海龟坐标体系中移动就有一个海龟角度，可以使用左右改变海龟的移动方向，因此，可以使用 turtle.left(angle)和 turtle.right(angle)函数改变海龟的移动方向。

5. RGB 色彩体系

RGB 色彩体系是给绘制的图形增加颜色。RGB 色彩体系由红、绿、蓝这三个基本色进行组合。表 3.1 是常用的颜色对应表。

表 3.1   颜色对应表

英文名称	RGB 整数值	RGB 小数值	中文名称
White	255,255,255	1,1,1	白色

续表

英文名称	RGB 整数值	RGB 小数值	中文名称
Yellow	255,255,0	1,1,0	黄色
Blue	0,0,255	0,0,1	蓝色
Black	0,0,0	0,0,0	黑色

3.3　turtle 程序语法元素分析

1. 库引用和 import

库引用是扩充 Python 程序功能的一种方式，一般在程序中使用 import 关键字完成库引用。

具体方法是 import<库名>。使用函数时，用<库名>.<函数名>.(<函数参数>)调用相关功能。

import 的更多用法是使用 form 和 import 保留字共同完成的，如下所示：

```
form<库名>import<函数名>
```

或

```
form<库名>import*
```

使用这种方式，在调用函数的过程中，就不需要加"库名."的形式，直接使用函数名加函数参数完成库的使用。

2. turtle 画笔控制函数

turtle 画笔控制函数一般成对出现。turtle.penup()（也写作 turtle.pu()）指画笔抬起；turtle.pendown()（也写作 turtle.pd()）指画笔落下；turtle.pensize(width)（也写作 turtle.width(width)）用来设置画笔宽度；turtle.pencolor(color)是对画笔颜色进行修改，这里的 color 可以使用字符串形式、RGB 的小数值、RGB 的元组值。

3. turtle 运动控制函数

turtle 运动控制函数可以控制海龟的前进方向，甚至可以控制海龟走直线或者曲线。turtle.forward(d)（也写作 turtle.fd(d)）指海龟向前前进，距离 d 为负数时，表示往后退。turtle.circle(r, extend)是根据半径 r 绘制 extend 角度的弧形，其中半径默认为圆心在海龟左侧距离为 r 的位置。

4. turtle 方向控制函数

turtle 方向控制函数可以控制海龟面对方向，turtle.setheading(angle)（也写作 tuetle.seth(angle)）可以用来改变前进方向，将海龟当前前进方向改为一个绝对角度。turtle.left(angle)和 turtle.right(angle)分别表示向左转、向右转，angle 表示在当前前进方向上旋转的角度。

本 章 小 结

本章介绍在 Python 编程中进行图形绘制的方法。第一节给出 Python 蟒蛇图案的绘制代码和运行结果；第二节介绍 turtle 库里的绘图窗体布局、空间坐标体系、角度坐标体系、RGB 色彩体系，了解了如何通过 turtle 改变海龟移动轨迹以及绘图色彩；第三节介绍学习库引用和 import、turtle 画笔控制函数、turtle 运动控制函数、turtle 方向控制函数，明白如何控制海龟的状态。

习 题

一、选择题

1. 表示引用 turtle 库的命令为（　　）。

    A. import turtle　　　　B. from turtle　　　　C.from turtle as t　　　　D. turtle

2. 当引用命令为 from turtle import *时，下述（　　）命令为控制画笔颜色。

    A. turtle.pencolor("purple")　　　　　　　B. pencolor("purple")

    C. turtle("purple")　　　　　　　　　　　D. ("purple")

3. 在 turtle 空间坐标体系中，哪一个表示向前移动（　　）。

    A. turtle.bk(d)　　　　　　　　　　　　　B. turtle.goto(x,y)

    C. turtle.fd(d)　　　　　　　　　　　　　D. turtle.circle(r,angle)

4. 哪一个不是 turtle 画笔控制函数（　　）。

    A. turtle.penup()　　　　　　　　　　　　B. turtle.penclose()

    C. turtle.pendown()　　　　　　　　　　　D. turtle.pensize()

5. turtle 库所使用的坐标系体系为（　　）。

    A. 极坐标系　　　　B. 空间坐标系　　　　C. 球坐标系　　　　D. 柱坐标系

二、编程题

试着画出一条与 3.1 节颜色不一样的蟒蛇图形（比如：红色）。

第4章 数据结构

4.1 数据结构基本概述

4.1.1 为什么存在数据结构

学习本章节之前，先进行几个问题的探讨：什么是数据类型？为什么要分类出各种类型的数据？学习 Python 为什么要用到多种数据类型？不知道读者有没有这样的一个疑问：只用一种简单的数据类型去存储表示数据不是更方便吗？

带着疑问，先看一个小故事。在《论语·阳货篇》中有这样一段话："子之武城，闻弦歌之声。夫子莞尔而笑，曰：'割鸡焉用牛刀？'"。大意是说：孔子的学生子游做了武城这个地方的行政长官，而后孔子到武城，听见城里欢迎他时发出的弹琴唱歌的声音。孔子微笑着说："杀鸡何必用宰牛的刀呢？"，意思是迎接我为何要如此热烈。从"割鸡焉用牛刀"这句话可以看出来，虽然杀鸡的刀和杀牛的刀都是刀，但是不一样的刀都有自己更适合的用途，每一把刀的刀套也不一样，如果给杀鸡的刀装上一个杀牛的刀套必然会导致空间的浪费，要是将杀牛的刀放进杀鸡的刀套中也是放不进去的。同理，数据也是一样的，对于不一样的用途当然需要不一样的数据类型。

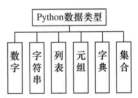

图 4.1 Python 的数据类型

Python 基本数据类型一般分为数字（Number）、字符串（String）、列表（List）、元组（Tuple）、字典（Dictionary）、集合（Set）这六种。其中有三种不可变的数据类型：数字（Number）、字符串（String）、元组（Tuple），以及三种可变类型：列表（List）、字典（Dictionary）、集合（Set），如图 4.1 所示。

4.1.2 组合数据类型的基本概念

Python 语言中最常用的组合数据类型由三大类组成，分别为集合类型、序列类型和映射类型。集合类型是一个具体的数据类型名称，元素之间无序，相同元素在集合中唯一存在。序列类型和映射类型则是一类数据类型的总称，其中序列类型是一个元素向量，元素之间存在先后关系，通过序号对元素进行访问。序列类型的代表有字符串（str）、列表（list）、元组（tuple）等。映射类型则是"键-值"数据项的组合，每一个元素都以键值对的形式进行存储，表示为（key, value）。映射类型的代表是字典（dict）。组合数据类型具体如图 4.2 所示。

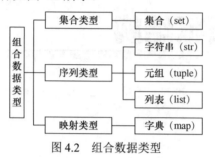

图 4.2　组合数据类型

4.2　列　　表

Python 中的数据结构是通过某些方式组织在一起的数据元素的集合，这些数据元素可以是数字、字符等。在 Python 中最基础的数据结构是序列，即元组和列表。列表与字符串类型一样，由按照一定顺序排列的元素组成。不同的是，字符串只能由字符组成，而且是不可变的（不能单独改变它的某个值）。而列表是能保留任意数目的 Python 对象的灵活容器，列表不仅可以包含 Python 的标准类型，而且可以将用户定义的对象作为自己的元素。列表也可以添加或者减少元素，还可以与其他的列表结合或者把一个列表分成几个。可以对单独一个元素或者多个元素执行 insert、update 或 remove 操作。

4.2.1　列表的创建

在 Python 中用"[ ]"表示列表，用逗号分隔其中的元素。下面先展示一个简单示例：

```
a = ['apple', 'banana', 'peach', 'orange']
print(a)
```

得出结果：

```
['apple', 'banana', 'peach', 'orange']
```

但是当使用的时候往往是从很多的数据中抽取所需的数据进行查看和处理，那么如何访问列表元素？由于列表是有序的集合，因此，在访问列表的任意元素时，需要找寻元素的位置或者通过索引进行查询。

```
a = ['apple', 'banana', 'peach', 'orange']
print(a[0])
```

得出结果：

```
apple
```

如果已经知道需要的元素在第几个位置，则可以通过索引的方法，找出所需的元素。需要注意的是，Python 语法中索引位置是从 0 开始计数，0 为第一个元素，后面依次为 1，2，…。还有一种特殊的语法索引，如果索引为负数的话，则是从后往前访问，-1 为倒数第一位，-2 为倒数第二位，以此类推。示例代码如下：

```
b = ['one', 'two', 'three', 'four', 'five', 'six']
print(b[2], b[-1], b[-3])
```

得出结果：

```
Three six four
```

可以看到，得出的结果返回到列表的第三个、第四个和第六个元素，这种负数从后往前的索引有时候也是很便捷的一种方法。

4.2.2　列表的操作

1. 列表的拼接操作

```
a = [12,89]
b = ['abc', 'xy']
c = a + b
print(c)
```

得出结果：

```
[12, 89, 'abc', 'xy']
```

2. 列表的重复操作

```
a = ['x', 'y']
b=a*3
print(b)
print(type(b))
```

得出结果：

```
['x', 'y', 'x', 'y', 'x', 'y']
  <class 'list'>
```

3. 列表的 len()操作

```
a = len(['a', 'b'; 'c', 'd'])
print(a)
```

得出结果：

```
4
```

4. 列表的下标（index）操作

```
a = ['I', 'want', 'to', 'say', 'I', 'LOVE', 'P', 'Y', 'T', 'H', 'O',
```

```
'N', '!']
    print(a[5])
    print(type(a))
```

得出结果：

```
LOVE
<class 'list'>
```

注意

列表的下标从左向右数是从 0 开始到 n-1，而从右向左数是-1 到-n。

5. 列表的切片(slice)操作

```
a = ['I', 'want', 'to', 'say', 'I', 'LOVE', 'P', 'Y', 'T', 'H', 'O',
'N', '!']
    print(a[3:])
```

得出结果：

```
['say', 'I', 'LOVE', 'P', 'Y', 'T', 'H', 'O', 'N', '!']
```

注意

切片可以将列表按照所需要的方式进行截取，在"："后面不写范围的时候默认为切片到最后一个位置。

6. 列表的 in 操作

```
a=['I', 'want', 'to', 'say', 'I', 'LOVE', 'P', 'Y', 'T', 'H', 'O', 'N', '!']
    b = 'LOVE' in a
    print(b,type(b))
```

得出结果：

```
True
<class 'bool'>
```

4.2.3　列表函数

列表还有一些很有趣的函数。

（1）list()函数：用于将元组转换为列表。

```
a = ('w', 'o', 'm', 'a', 'n')
    print(type(a))
    a = list('woman')
    print(type(a))
```

```
print(a)
print(a[3])
a[3] = 'e'
print(a)
```

得出结果：

```
<class 'tuple'>
<class 'list'>
['w', 'o', 'm', 'a', 'n']
a
['w', 'o', 'm', 'e', 'n']
```

注意

虽然元组与列表十分相似，但是元组的元素值是不能被修改的，而列表的元素值是可以修改的。另外，元组是放于圆括号中的，列表是放于方括号中的。

（2）len()函数：用于返回列表大小。

```
Weekday = ['Monday', 'Tuesday', 'Wednesday', 'Thursday', 'Friday']
print(len(Weekday))
```

得出结果：

```
5
```

（3）max()函数和 min()函数：计算列表最大最小的值。

```
a = [1,3,5,7,2,4,6,8]
print(max(a))
print(min(a))
```

得出结果：

```
8
1
```

4.2.4　列表的增删查

（1）在列表中查找元素的索引：

```
a.index('查找的元素')
```

解释：a 为列表类型的变量，该函数为打印所查找元素的索引。

（2）在列表尾部添加元素：

```
a.append('插入的元素')
```

解释：追加元素到列表末尾。

（3）在列表指定位置进行插入元素：

```
a.insert(0,'插入的元素')
```

解释：0 代表其索引。

（4）在列表中用 del 删除元素：

```
del a[0]
```

解释：可以删除指定索引的元素。

（5）用 pop()删除元素，中文也叫弹出：

```
b=a.pop(-2)
```

解释：里面不写是默认最后一个元素，b 列表将获得 a 弹出-2 索引位置的元素，弹出后列表 a 将删除弹出的元素。

（6）用 remove()根据值删除元素：

```
a.remove("banana")
```

解释：remove()方法可以用在不知道索引位置但是知道元素值的情况下，使用 remove()方法先找到元素的位置，并进行删除。

综合上面的方法给出一个例子，代码如下：

```
Weekday = ['Monday', 'Tuesday', 'Wednesday', 'Thursday', 'Friday']
print(Weekday[0])   # 输出 Monday
#index 搜索
print(Weekday.index("Wednesday"))
#append 在列表末尾增加元素
Weekday.append("Saturday")
print(Weekday)
# remove 删除目标元素
Weekday.remove("Saturday")
print(Weekday)
```

得出结果：

```
Monday
2
['Monday', 'Tuesday', 'Wednesday', 'Thursday', 'Friday', 'Saturday']
['Monday', 'Tuesday', 'Wednesday', 'Thursday', 'Friday']
```

列表在使用时，经常会对列表的每一个元素进行处理，可能会需要调用列表的每一个元素，即需要进行遍历，于是就用到了 for 循环对列表进行最基本的遍历，例子代码如下：

```
list = ['Monday', 'Tuesday', 'Wednesday', 'Thursday', 'Friday']
for i in list:
        print(i)
```

得出结果：

```
Monday
Tuesday
Wednesday
Thursday
Friday
```

4.2.5 列表的基本方法

列表中元素大多数情况下为乱序排列，但是，有时也需要按照一定顺序排序以便于更好地对数据进行处理。

（1）列表元素排序：a.sort()函数。

根据首字母顺序排序，进行排序后，无法恢复为原列表。

反向排序 a.sort(reverse=True)会以相反的顺序进行排序。例如，原列表为[2,3,1]进行反向排序后为[3,2,1]，排序后的列表需要再一次反向排序才能转化为原列表。

（2）临时排序：sorted(a) 函数。

可以对列表临时排序，不改变原列表。

（3）将原列表翻转：a.reverse()函数。

将列表中的元素翻转，与（1）不同，其并不会按照大小来进行排序，再次使用该方法可以恢复为原列表。

（4）词频统计：count()函数。

（5）扩展列表：extend()函数。

根据上面的方法，给出一个示例，代码如下：

```
a = ['python', 'apple', 'banana', 'peach', 'orange', 'python']
c = ['love']
b = sorted(a)
print(b)
print(a)
print(a.count('python'))
a.sort()
print(a)
a.extend(c)
print(a)
```

得出结果：

```
['apple', 'banana', 'orange', 'peach', 'python', 'python']
['python', 'apple', 'banana', 'peach', 'orange', 'python']
2
['apple', 'banana', 'orange', 'peach', 'python', 'python']
['apple', 'banana', 'orange', 'peach', 'python', 'python', 'love']
```

4.3　元　　组

元组作为一个复合数据类型，很多操作都跟列表一样。首先，元组是一种复合的容器，能容纳一系列元素。其次，都可以存储任意数量任意类型的数据项，许多用在列表上的例子在元组上面照样能执行。它们之间主要的不同是元组是不可变的，或者说是只能读取。所以，那些用来更新列表的操作，比如，切片操作，就不能用于元组类型。简而言之，元组只能用来查询，不能做增删改等操作。

4.3.1　元组的创建

在定义列表的时候需要使用"[]"，那么元组的创建方法也类似，但是需要使用"()"进行创建，方法如下：

```
a = ()
print(a)
print(type(a))
```

得出结果：

```
()
<class 'tuple'>
```

当向元组中输入多个元素的时候，需要使用英文逗号进行分隔，在最后一个元素后面的逗号可以省略。

```
a = (1,2,3)
print(a)
```

得出结果：

```
(1,2,3)
```

需要注意的是，如果只有一个元素，就需要在唯一的元素后面写上"，"来表示该数据是元组类型，否则表达的是另外一种含义了，例子如下：

```
a = (3)
print(a)
print(type(a))
```

得出结果：

```
3
<class 'int'>
```

修改代码如下：

```
a = (3, )
print(a)
print(type(a))
```

得出结果:

```
3
<class 'tuple'>
```

元组的元素类型是随意选择的，并且，同一个元组对象的元素类型可以互不相同。

```
a = ('123', 'abc', '456')
print(a)
```

得出结果:

```
('123', 'abc', '456')
```

4.3.2　元组的操作

元组不但与列表有很多相似的地方，而且与字符串也有很多共同的地方。许多应用在字符串类型上的操作，也可以使用在元组对象上。元组操作可以包含以下几种。

1. 元组类型支持拼接操作

```
a = ('123', '456')
b = ('abc', 'def')
c = a + b
print(c)
print(type(c))
```

得出结果:

```
('123', '456', 'abc', 'def')
<class 'tuple'>
```

2. 元组类型支持重复操作

```
a = (123)
b = 3 * a
print(b)
print(type(b))
```

得出结果:

```
(123, 123, 123)
<class 'tuple'>
```

3. 元组类型支持 len() 函数

```
a = ('1', '2', '3')
print(len(a))
```

得出结果：

```
3
```

4. 元组类型支持下标（index）操作

```
a = ('a', 'e', 'i', 'o', 'u')
print(a[2])
print(a[-1])
print(a[0])
```

得出结果：

```
i
u
a
```

注意

此处索引也是从 0 为左边第一位，-1 为右边第一位，如果超过索引范围，则会导致错误。

5. 元组类型支持 in 操作，并测试某个对象是否在其中

```
a = ('I', 'want', 'to', 'say', 'I', 'LOVE', 'P', 'Y', 'T', 'H', 'O',
'N', '!')
print('python' in a)
print('p' in a)
print('LOVE' in a)
```

得出结果：

```
False
False
True
```

注意

Python 的语法是区分大小写的，所以 "P" 与 "p" 是不同的两个变量。

6. 元组类型支持切片操作

```
a = ('I', 'want', 'to', 'say', 'I', 'LOVE', 'P', 'Y', 'T', 'H', 'O',
'N', '!')
print(a[4:12])
```

得出结果：

```
('I', 'LOVE', 'P', 'Y', 'T', 'H', 'O', 'N')
```

> **注意**
>
> 与列表一样所得到的切片是左开右闭，所以没有"!"出现。

4.4 字 典

字典是 Python 语言中唯一的映射类型，类似于 Java 语言中的 map 类。字典是一种可变容器模型（大小不固定），且可存储任意类型的对象。字典用于存储的元素都成对存在，其中一个元素称为键（key），另一个元素被称作键值（value）。字典中的元素为无序，且不可以出现两个同样的 key，否则后面出现的 value 会对前面出现的 value 进行覆盖。字典里面的键只能是不可变的数据类型，如整型、字符串或元组。而键值的要求却很自由，可以取任何 Python 的对象，可以是标准的对象，也可以由用户定义。字典是 Python 中最强大的数据类型之一。

4.4.1 字典的创建与访问

字典最常见的操作有字典的创建、字典的赋值、字典中对于值的访问、字典的更新、删除字典元素等。

字典需要用"{ }"进行创建，用","进行分割，创建方法是{key:values}，示例代码如下：

```
Dict_demo = {'太阳': 1, '月亮': 1, '星星': 99}
print(Dict_demo)
print(type(Dict_demo))
```

得出结果：

```
{'太阳': 1, '月亮': 1, '星星': 99}
<class 'dict'>
```

> **注意**
>
> 在这个例子中，键是字符串类型，其被用来代表目标对象，而键值是整数型，其被用来表示目标的值。对于值的存储很自由，所以，也可以用字符串来替换值的位置进行查看，读者可以自行尝试改变太阳后面的值。

根据键来寻找值的这种方法大大提升了字典的查询效率，在很多元素中进行查找的时候不需要将每一个键都遍历一遍，只需要根据提供的键的信息来寻找对应的值。在用索引查找的时候用"[]"查找所在位置，如果在所查询的字典中查询到了该元素，则返回对应的值，否则就会抛出异常。

查询字典中的元素，示例代码如下：

```
Dict_demo = {'太阳': 1, '月亮': 1, '星星': 99}
print(Dict_demo ['星星'])
```

得出结果:

```
99
```

当查询字典中不存在的元素时,示例代码如下:

```
Dict_demo = {'太阳': 1, '月亮': 1, '星星': 99}
print(Dict_demo ['白云'])
```

得出结果:

```
Traceback (most recent call last):
          Fi, le, line 2, in <module>
          print(Dict_demo ['白云'])
KeyError: '白云'
```

注意

如果查询不存在的键,则会导致抛出异常,同时要注意因为字典是不排序的,所以没有像列表一样使用切片的功能。

字典是可以更改内容的,所以可以在该字典中添加元素,示例代码如下:

```
Dict_demo = {'太阳': 1, '月亮': 1, '星星': 99}
Dict_demo['白云'] = 16
print(Dict_demo)
```

得出结果:

```
{'太阳': 1, '月亮': 1, '星星': 99, '白云': 16}
```

也可以改变字典中的值,示例代码如下:

```
Dict_demo = {'太阳': 1, '月亮': 1, '星星': 99, '白云': 16}
Dict_demo['白云'] = 32
print(Dict_demo)
```

得出结果:

```
{'太阳': 1, '月亮': 1, '星星': 99, '白云': 32}
```

注意

如果该字典中已经存在了要添加的键,则会将原来的键进行覆盖。

想要去除字典中的元素,可以用 del():

```
Dict_demo = {'太阳': 1, '月亮': 1, '星星': 99, '白云': 16}
del(Dict_demo['月亮'])
print(Dict_demo)
```

得出结果：

```
{'太阳': 1, '星星': 99, '白云': 16}
```

4.4.2　字典的遍历

用 for 循环遍历键并输出示例如下：

```
Dict_demo = {'太阳': 1, '月亮': 1, '星星': 99, '白云': 16}
for i in Dict_demo.keys():
print(i)
```

得出结果：

```
太阳
月亮
星星
白云
```

用 for 循环遍历值：

```
Dict_demo = {'太阳': 1, '月亮': 1, '星星': 99, '白云': 16}
for i in Dict_demo.values():
print(i)
```

得出结果：

```
1
1
99
16
```

用 for 遍历元素：

```
Dict_demo = {'太阳': 1, '月亮': 1, '星星': 99, '白云': 16}
for i in Dict_demo.items():
print(i)
```

得出结果：

```
('太阳', 1)
('月亮', 1)
('星星', 99)
('白云', 16)
```

4.5　集　　合

Python 中集合是由不重复的元素所组成的无序集，集合最早出现在 Python2.3 版本中。集合中的元素不可以重复，常使用集合过滤掉重复的元素。Python 中的集合常用于数学运算，如并集、交集或差集等。集合中的元素只能包含数字、字符串、元组等不可变数据类型，不可以包含列表、字典、集合等可变数据类型。集合并没有索引，因此，不能对其进行切片或者索引操作。

集合有两种类型：可变集合（set）和不可变集合（frozen set）。可变集合可以添加和删除元素，而不可变集合则不允许。请注意，可变集合不是可哈希的集合，因此，其既不能被用来作为字典的键，也不能被当作是其他集合中的元素。不可变集合则正好相反。

集合支持用 in 和 not in 操作符检查成员，由 len()函数得到集合的基数，用 for 循环迭代集合的成员。

集合类型有 4 个操作符，分别为交集"&"、并集"|"、差集"-"、补集"^"，其运算后结果如表 4.1 与图 4.3 所示。

表 4.1　集合类型操作符

集合类型操作符	运算后结果
S&T	返回一个新集合，新集合的元素同时在 S 与 T 集合中
S|T	返回一个新集合，新集合的元素为 S 和 T 中的所有元素
S-T	返回一个新集合，新集合的元素包含在集合 S 中但不包含在 T 中
S^T	返回一个新集合，新集合的元素包含 S 和 T 中的非共同元素

S&T　　　　　　S|T　　　　　　S-T　　　　　　S^T

图 4.3　集合类型操作符运算结果

4.5.1　集合的基础操作

集合的创建方式和字典一样，可以用"{}"或者 set()进行创建，但是创建空集合必须用 set()，而不能用"{}"，因为只写一个"{}"是创建空字典。还有一点是需要注意的，在集合里面相同的元素只可以保存一次，即集合会自动地进行去重。示例代码如下：

```
s = {'a', 'b', 'a', 'c', 'b', 'd'}
print(s)
```

得出结果：

```
{'a', 'c', 'b', 'd'}
```

使用 set()函数构造集合示例代码如下：

```
a = set('bananapai')
print(a)
```

得出结果：

```
{'n', 'b', 'p', 'i', 'a'}
```

注意

set( )函数生成一个随机的不重复的集合，所得出的结果为无序，后续结果相同也皆为无序。

集合中元素的添加，若 a 元素已经存在则不进行任何操作，代码如下：

```
s = {'b', 'c', 'd'}
s.add('a')
print(s)
```

得出结果：

```
{'b', 'a', 'd', 'c'}
```

另一种添加元素的方法：

```
s = {'b', 'c', 'd'}
s.update('a', 'e')
print(s)
```

得出结果：

```
{'a', 'b', 'e', 'd', 'c'}
```

集合中元素的移除：

```
s = {'a', 'b', 'c', 'd', 'e'}
s.remove('e')
print(s)
```

得出结果：

```
{'d', 'c', 'a', 'b'}
```

另一种移除元素的方法，并且若元素不在集合中进行移除也不会出现错误：

```
s = {'a', 'b', 'c', 'd', 'e'}
s.discard('f')
print(s)
```

得出结果：

```
{'d', 'a', 'b', 'c', 'e'}
```

集合支持 len()函数操作，代码如下：

```
Dict_demo = {'太阳', '月亮', '星星'}
print(len(Dict_demo))
```

得出结果：

集合支持 in 操作，检查元素是否在集合中，代码如下：

```
Dict_demo = {'太阳', '月亮', '星星'}
print('海洋' in Dict_demo)
print('太阳' in Dict_demo)
print('草原' in Dict_demo)
```

得出结果：

```
False
True
False
```

4.5.2　集合的关系操作

集合的关系操作指集合与集合之间的操作，其中包括两个集合的交、两个集合的并、两个集合的差与对称差。

两个集合的交，示例代码如下：

```
a = set('banana')
b = set('peach')
print(a)
print(b)
c = a | b
print(c)
```

得出结果：

```
{'n', 'a', 'b'}
{'p', 'e', 'c', 'a', 'h'}
{'n', 'p', 'b', 'c', 'h', 'a', 'e'}
```

两个集合的并，示例代码如下：

```
a = set('banana')
b = set('peach')
print(a)
print(b)
c = a & b
print(c)
```

得出结果：

```
{'b', 'a', 'n'}
{'a', 'e', 'h', 'p', 'c'}
{'a'}
```

两个集合的差，示例代码如下：

```
a = set('banana')
b = set('peach')
print(a)
print(b)
c = a - b
print(c)
```

得出结果：

```
{'b', 'n', 'a'}
{'p', 'c', 'h', 'a', 'e'}
{'b', 'n'}
```

两个集合的对称差，示例代码如下：

```
a = set('banana')
b = set('peach')
print(a)
print(b)
c = a^b
print(c)
```

得出结果：

```
{'a', 'n', 'b'}
{'e', 'c', 'a', 'h', 'p'}
{'e', 'p', 'n', 'h', 'c', 'b'}
```

本 章 小 结

　　本章主要是对经常使用的数据结构进行简要的介绍，说明为什么要存在不同的数据类型，并分别介绍列表数据类型、元组数据类型、字典数据类型和集合数据类型；简要概述列表、元组、字典和集合的基本性质，以及这几种数据类型的基本操作。数据结构作为学习 Python 中最基础的一步，只有清晰地了解其性质和用法才能更熟练地使用 Python 抽象化各类数据类型，并到 Python 语法体系中解决实际问题。

习　　题

一、选择题

　　1. 下列代码执行结果为（　　）。

dict = {'Name': 'baby', 'Age': 7}

print(dict.items()):

A. [('Age', 7), ('Name', 'baby')]

B. ('Age', 7), ('Name', 'baby')

C. 'Age':7, 'Name': 'baby'

D. dict_items([('Name', 'baby'),('Age', 7)])

2. 以下程序的输出结果是（　　　）。

L1 =['abc', ['123','456']]

L2 = ['1','2','3']

print(L1 > L2)

A. False

B. TypeError: '>' not supported between instances of'list' and 'str'

C. 1

D. True

3. 以下程序的输出结果是（　　　）。

```
def func(num):
    num*= 2
x= 20
func(x)
print(x)
```

A. 40　　　　　　　B. 出错　　　　　　C. 无输出　　　　　　D. 20

4. 给出代码 s = 'Python is beautiful!'。可以输出"python"的是（　　　）。

A. print(s[0:6].lower())　　　　　　　　B. print(s[:-14])

C. print(s[0:6])　　　　　　　　　　　　D. print(s[-21:-14].lower)

5. 该程序的输出结果为（　　　）。

```
list=["a",3,"b",10]
  del list[1:3]
  print(list)
```

A. [3,10]　　　　　B. ["a",10]　　　　　C. ["b",10]　　　　D. [3,"b"]

6. 若 a=["apple","banana","orange","strawberry"]，则 a.index ("orange")的结果是
（　　　）。

A. 1　　　　　　　B. 2　　　　　　　C. 3　　　　　　　D. 4

7. 字典 d={'abc':123, 'def':456,'ghi':789} print(len(d))为（　　　）。

A. 9　　　　　　　B. 12　　　　　　　C. 3　　　　　　　D. 6

8. 关于 Python 的列表，以下选项中描述错误的是（　　　）。

A. Python 列表是一个可以修改数据项的序列类型

B. Python 列表的长度不可变

C. Python 列表用中括号[]表示

D. Python 列表是包含 0 个或者多个对象引用的有序序列

9. 给定字典 d，以下选项中对 d.values()的描述正确的是（　　　）。

A. 返回一个集合类型，包括字典 d 中所有值

  B. 返回一种 dict_values 类型，包括字典 d 中所有值

  C. 返回一个元组类型，包括字典 d 中所有值

  D. 返回一个列表类型，包括字典 d 中所有值

  10. 代码 s =['seashell','gold','pink','brown', 'purple' ,'tomato']，print(s[1:4:2])的输出结果是（　　）。

  A. ['gold', 'pink', 'brown', 'purple', 'tomato']

  B. ['gold', 'pink']

  C. ['gold, 'brown']

  D. ['gold', 'pink', 'brown']

二、编程题

  1. 根据所输入的月份来判断季节并进行打印，春季为 3 月、4 月、5 月，夏季为 6 月、7 月、8 月，秋季为 9 月、10 月、11 月，冬季为 12 月、1 月、2 月。

  2. 已知有一个包含一些同学成绩的字典，计算成绩的最高分、最低分、平均分，并查找最高分同学，最后打印最高分、最低分、平均分、最高分同学。

  3.

  （1）系统里面有两个用户，用户名称保存在列表 users = [user1, 'user2'] 中，用户密码保存在列表 passwds = ['123', '456]中。

  （2）用户登录（判断用户登录是否成功）：

  第一步，判断用户是否存在（inuser in users）；第二步，如果存在，判断用户密码是否正确。（先找出用户对应的索引值，根据索引值拿出该用户的密码。如果密码正确，登录成功，退出循环。如果密码不正确，重新登录，总共有三次登录机会。）

  （3）如果不存在：重新登录，总共有三次登录机会。

第5章 函数

5.1 函数的定义和调用

5.1.1 函数的定义

下面先观察一个关于存储整型数据的列表，对其内的数据元素以由小到大排序为目的所编程的示例。代码如下：

```python
a = [4,5,2,5,1,8,2]
b = [1,5,3,7,9,3,2]

for i in range(7):        # 对列表 a 进行递增的冒泡排序
    for j in range(0, 7 - i - 1):
        if a[j] > a[j + 1]:
            a[j], a[j + 1] = a[j + 1], a[j]

for i in range(7):        # 对列表 b 进行递增的冒泡排序
    for j in range(0, 7 - i - 1):
        if b[j] > b[j + 1]:
            b[j], b[j + 1] = b[j + 1], b[j]
print(a)
print(b)
```

通过分析可知，上述示例是两个存储了整型数据的列表对表内数据进行递增的冒泡排序并打印排序结果的程序。可以看到，对两个列表的排序均采用了递增排序方法，由此致使代码的语句重复度过高，大大增加了代码的繁杂程度。

通过上例引发进一步思考，假如不止 2 个列表需要排序，假如有 3 个，甚至 n 个列表需要使用冒泡排序呢？或者在实际编程之中，发现要求不使用冒泡排序，而是使用直接选择排序时，是不是要对每个列表排序代码的部分进行重写呢？

如果对 C 语言有过了解，可以很快想到在 C 语言中能够使用自定义函数解决或简化上述问题。对于 Python 而言，同样也可以使用函数来解决。代码如下：

```python
def sort(n, list_new = []):
    for g in range(n):
```
①

```
②              for h in range(0, n - g - 1):
③                  if list_new[h] > list_new[h + 1]:
④                      list_new[h], list_new[h + 1] = list_new[h + 1],
list_new[h]
    c = [4,5,2,5,1,8,2]
    d = [1,5,3,7,9,3,2]
⑤ sort(7,c)
    sort(7,d)
    print(c)
    print(d)
```

运行结果：

```
[1,2,2,4,5,5,8]
[1,2,3,3,5,7,9]
```

代码行①②③④所写内容与上一段代码中的排序代码基本一致，但是，其被集成到一个自定义的函数 sort()之中，然后通过代码行⑤的语句来对函数 sort()进行调用，以此来实现对列表内数据的排序功能。

虽然两段代码实现的是同一功能，但是可以发现，后面这段代码将排序算法集成为一个函数，然后在每次需要对某一列表进行冒泡排序时，直接使用简短的一句代码调用这个函数就可以了。甚至当不想使用冒泡排序时，可以通过直接修改函数内的排序方法，以实现对所有列表排序方式的更改，这无疑大大提升了代码的整洁程度与易读性，提高了程序的可操作性。

总结

通过上述示例的演示，可以简单了解到函数的功能。函数是事先编写好、可重复调用、用来完成某一特定功能的代码段。函数的存在，使得程序具有更好的易读性，并使得程序的修改、测试等操作变得更加轻松。

5.1.2　函数的调用

编程初学者所写的第一个程序大多数是 Hello World。下面就以这个程序作为演示来编写一个函数实例：

```
①    def first_function ():
②        print('hello world!')

③    first_function ()
```

观察一下这个实例的结构。代码行①是定义函数最重要的部分，也是必不可少的一部分，其中 def 告诉编译器这是一个自定义函数，其后跟着的是自定义的函数名，用于标识这个函数并方便调用，紧跟着的括号内部存放的是接收的各种信息，这些信息后续会有详细介绍。在这里之所以括号内容为空是因为这个函数不需要接收任何的信息就能完成其特定的任务。但是需要注意的是，即便不需要任何信息，这对括号也是必不可少的。这行最后以冒号结尾，这表示紧跟这行代码的所有缩进的代码块都为这个自定义函数的函数体。

代码行②是函数体，实现的是名为 first_function()这个函数的特定功能，在这里实现的是打印字符串 Hello World 这个功能。

代码行③是自定义函数的调用语句，通过函数名来调用函数，其中如果有需要向自定义函数传递某些变量时，便将这个变量写在括号内，当不需要时括号也不能省略。由此可以得出在 Python 中自定义函数的基本语法格式如下：

```
def       函数名([参数列表]):
    函数体
```

5.2 参 数

5.2.1 形参与实参

上一小节中的实例不需要传递任何信息就能够实现其函数所需的特定功能。下面将对需要传递参数的函数进行介绍。举例如下：

```
① def greet_student(first_name, last_name, age):
    """打印学生信息"""
    print("Hello, my name is " + first_name.title() +""
          + last_name.title() + ".")
    print("I am " + str(age) + " years old.\n")

② greet_student('li', 'ling', 20)
```

其中，代码行②调用了函数，并向其传递了三个参数，函数接收到参数后，对这三个参数进行打印，输出结果如下：

```
Hello, my name is Li Ling.
I am 20 years old.
```

将这个实例与 5.1.2 中的实例相比较，可以看到代码行①中的括号内部加入了 3 个变量，代码行②调用函数的代码最后的括号内带有 3 个数据。同时可以看到，在函数体中所调用的变量正是①中括号内的变量。

将函数体内的变量称为形参，如代码行①括号内的参数即为形参，其功能是接收调用命令所传过来的参数，使得在函数体内可以调用这些参数实现特定功能。将代码行②括号内的参数称为实参，实参是调用函数时需要传递给函数的信息。

注意

使用形参和实参时要特别注意以下问题：

（1）实参与形参要一一对应。

（2）形参数据类型不需要声明，其变量的数据类型取决于其接收的实参的数据类型。

（3）即便不需要传递及接收任何的参数，括号都是必不可少的。

5.2.2 参数的传递

通过对形参与实参的简单认识，可以了解到两者之间存在着一一对应的关系，即一个实参对应一个形参，这样在参数的传递过程中不会造成不必要的混乱，同时也便于编程人员的阅读与调用。

常用的参数传递方式有位置参数、关键参数、默认值及可变长度参数。对这几种传递方式学习之后，还可以将其混合使用，达到等效的函数调用目的。

1. 位置参数

位置参数这种传递方式类似于 C 语言和 Java 语言中函数参数的传递，即在函数传递参数时，对参数没有任何说明，形参与实参的数量一一对应，其在括号内的相对位置（参数的顺序）也是一一对应的。举例如下：

```
    def greet_student(first_name, last_name, age):
        """打印学生信息"""
        print("Hello, my name is " + first_name.title() + ""
            + last_name.title() + ".")
        print("I am " + str(age) + " years old.")
①   greet_student('li', 'ling', 20)
②   greet_student('wang', 'dan', 19)
```

上述代码通过调用名为 greet_student()的自定义函数传递参数，函数形参接收三个参数，分别为学生的姓、名及年龄，通过调用这三个参数打印学生的自我介绍，且同时将姓与名的首字母大写后再输出，其输出结果如下：

```
    Hello, my name is Li Ling.
    I am 20 years old.
    Hello, my name is Wang Dan.
    I am 19 years old.
```

其中，实参 li 存储在形参 first_name 中，实参 ling 存储在形参 last_name 之中，实参 20 存储在形参 age 中，然后在函数体中通过调用对应的形参实现了函数的特定功能，最终完成函数的调用。

同时，函数还具有一个特性，即可以根据需要多次调用同一函数。代码①②均调用了同一个函数的同一功能，通过位置参数传递不同的参数信息实现对多个学生的自我介绍的模拟，这大大提升了代码的简洁程度。

　　总结一下，位置参数是将传递的实参按照其传递的顺序与形参的位置一一对应接收，将实参关联到相应的形参。这里要特别注意，一定要保证形参与实参位置的一一对应，不然会出现接收参数混乱或接收参数错误等问题，导致函数在运行过程中由于参数传递的错误而无法完成既定的功能。举例如下：

```
def greet_student(first_name, last_name, age):
"""打印学生信息"""
    print("Hello, my name is " + first_name.title() + ""
        + last_name.title() + ".")
    print("I am " + str(age) + " years old.\n")
greet_student('ling', 'li', 20)
```

　　与之前的实例对比可以发现，这个实例在传递参数时，将姓与名的参数位置颠倒了，所得到的结果如下：

```
Hello, my name is Ling Li.
I am 20 years old.
```

　　可以看到输出结果中，这名学生的姓名颠倒了，所以位置参数其参数的一一对应极为重要，一定要注意。

　　2. 关键参数

　　位置参数极其强调参数的一一对应关系，但在一个函数需要接收的参数数量较多时，就可能会出现参数过多而导致遗漏或者搞混的情况发生，这时候就可以使用关键参数来传递。关键参数不要求参数的位置一一对应，但要求对传递的每个参数进行说明，表明这个参数是传递到哪个形参变量上，这样就提升了代码的易读性，也更加便于对函数的调用。

　　对上述实例的函数调用部分进行重写，这次采用关键传递的方法进行参数传递，代码如下：

```
def new_greet_student(first_name, last_name):
    """欢迎新同学"""
    print("Hello " + first_name.title() + " " + last_name.title() + "!")
new_greet_student(first_name='li', last_name='ling')
new_greet_student(last_name='ling', first_name='li')
```

　　这里采用了关键参数，且通过关键参数方法调用了两次这个自定义函数，都是传递的相同的变量，但是可以看到两个变量的相对位置发生了改变，进行了调换。下面观察运行结果会不会发生改变。

```
Hello Li Ling!
Hello Li Ling!
```

　　可以看到，输出的结果都一致，这是由于在参数传递的时候指定了哪个实参要传递到哪个形参变量。所以，对其在函数调用时的相对位置就不做任何要求了，两条调用语句所实现的参数传递等效。

由此可知，关键参数的实参顺序是无关紧要的。关键参数大大避免了参数传递出现错误的概率。关键参数要特别注意的是对于实参一定要指定到对应的形参的变量名。

3. 默认值

在实际案例的编程中，参数的值一般是固定形式，或者说是默认形式，很少需要改动。这时候就可以对形参设置一个默认值，不需要再传递相对应的实参，在函数调用时也可以省略掉对应的实参，从而简化了代码的复杂度。实例如下：

```
①  def news_greet_student(first_name, last_name, sex='boy'):
        print("Look at that " + sex + ".")
        if sex == 'boy':
            print("His name is " + first_name.title() + ""
                + last_name.title() + ".")
                    elif sex == 'girl':
                        print("Her name is " + first_name.title() + ""
            + last_name.title() + ".")
②  news_greet_student('li', 'ling')
③  news_greet_student('wang', 'dan', 'girl')
```

观察上述代码，代码行①对形参 sex 设置了一个默认值 boy，代码行②③同时对函数 new_greet_student()进行调用，其中②只传输了两个实参，而③传输了三个实参。下面为这个实例的运行结果：

```
Look at that boy.
His name is Li Ling.
Look at that girl.
Her name is Wang Dan.
```

可以看到，如果忽略了具有默认值形参的再次赋值，那么其值是预设的默认值。可如果没有忽略，则传递的实参的值将会覆盖掉预设的默认值。

在使用默认值时要特别注意，具有默认值的形参要放在最后，即([形参][具有默认值的形参])，其原因类似于位置参数。可以看到上述实例代码行②，函数要求接收三个变量，而②只传递了两个变量，那么对应的是 first_name='li'，last_name='ling'，sex 为默认值为"boy"，位置一一对应，最后的形参接收不到对应位置的实参，则输出为其默认值。

如果是代码行③的调用形式，按照对应关系，sex 接收到对应位置的参数为"girl"，则接收其值，使用这个值在函数体中进行与其相关的各种操作，即为位置参数的数据传输方式，传递过去的值将原来的默认值覆盖。

注意

　如果形参中有设有默认值的形参，一定要先将没有设置默认值的参数先列出来，再列出设置默认值的形参，其目的是使编译器能够正确地阅读函数的参数传递以及能够正确地接收参数。

4. 可变长度参数

在实际编程项目中，起初可能并不知道要接收多少个实参，这时候形参该怎么设置呢？此时可以引入可变长度的参数。可变长度参数，使用一个元组形参或字典形参来接收理论上无上限的参数，这样就大大避免了出现参数接收不完整或者形参设置过多而有无用形参的问题。举例如下：

```
① def ice_cream(shop_name, *ice_kind):
      """介绍这家冰淇淋店并列出所有的冰淇淋种类"""
      print(shop_name.title() + '这家店有以下的冰淇淋可供挑选:',
           end=' ')
     for i in ice kind:
        print(i, end=' ')
      print('.')
      print(type(ice_kind))
② ice_cream('blue', '抹茶冰淇淋', '红茶冰淇淋', '芒果冰淇淋')
```

可以看到代码行①仅设置了两个形参来接收参数，而在代码行②处却传递了不止两个的实参。其中①处的*ice_kind 是一个可变长度参数，*代表的是这个形参是一个空元组。所以可以接收 n 个实参来组成一个元组，这时候在函数体内对 ice_kind 的操作就是对元组的操作。下面是输出结果：

```
Blue 这家店有以下的冰淇淋可供挑选：抹茶冰淇淋 红茶冰淇淋 芒果冰淇淋.
<class 'tuple'>
```

通过输出结果可以看到，ice_kind 为一个元组类型的数据，除了 blue 之外的所有实参均被 ice_kind 接收，形成一个元组来存储之后所有的实参，并且通过函数体内的循环来遍历元组中的所有参数，从而实现对元组所有元素的遍历。通过这种方式可以将相关参数从元组中提取出来（更多关于元组的操作请翻看前面章节相关内容）。接下来再观察一个实例：

```
① def person_show(name, **information):
     """个人信息简介"""
      print(name)
      print(information)
      print(type(information))
② person_show('李林', job='doctor', age=20, sex='boy')
```

通过观察，可以发现代码行①出现了一个新型的参数**information。对比上个实例的*ice_cream 多了一个*，同时在代码行②处也传递了多个参数到函数中。此处**information 也是一个可变长度的参数，**代表的是创建了一个空字典，可以接收"键：值"类型的参数，并将其存入这个字典之中。同*用法相似，在函数体内对这个参数的操作都是基于字典的操作，不然会产生调用上的错误。

下面是这个实例的运行结果：

```
李林
{'job': 'doctor', 'age': 20, 'sex': 'boy'}
<class 'dict'>
```

可以发现，查询到形参 information 的类型为 dict，即字典类型，用法类似于前面讲到的*ice_cream。可以根据应用场景的不同，选择不同的可变长度参数来实现不同函数的特定功能。

总结来讲，在形参前加一个*，表示可以接收多个位置参数存放到一个空元组中。在形参前面加两个**，表示可以接收多个关键参数存放到一个空字典之中。

注意

可变长度参数同默认值参数一样，需要放在最后，即需要先列出无特别说明的形参，直到最后再列出可变长度参数，并且只能列出一个可变长度参数。这是由于可变长度参数对接收实参的数量不做限制的特性所决定。同时，默认值参数与可变长度参数不要同时使用，这可能导致编译器无法辨别形参接收的相对应的参数。

5. 等效函数调用

```
def self_introduction(first_name, last_name, age=20):
    """自我介绍"""
    print("My name is " + first_name.title() + " " + last_name.title()
+", and I am " + str(age) + " years old.")

self_introduction('li', 'ling', 20)
self_introduction('li', 'ling')
self_introduction(first_name='li', last_name='ling')
self_introduction(last_name='ling', first_name='li', age=20)
```

可以看到，这个实例对函数 self_introduction()调用了四次，并且这四次调用所传递的参数均相同，只不过是采用了不同的参数传递方式，或者混用了几种方式来实现，那么它们的输出结果会怎样呢？下面观察一下输出结果：

```
My name is Li Ling, and I am 20 years old.
My name is Li Ling, and I am 20 years old.
My name is Li Ling, and I am 20 years old.
My name is Li Ling, and I am 20 years old.
```

可以发现，输出结果完全一致，即这四种调用方式完全等效。

5.2.3 变量的作用域

通过学习函数的基本操作可以发现，函数之中也可以定义变量并赋值，那么这些变量与主函数中的变量是否类似呢？举例如下：

```
def old():
```

```
①    a = 3
     print(a)

  old()
② print(a)
```

观察上述代码可以发现，在代码行①处定义了一个变量 a，这个变量定义在 old() 函数里面，在代码行②处调用了这个变量，这个调用是在自定义之外，在试运行后很显然得到了系统的报错，显示内容为 NameError: name 'a' is not defined，其意思是名为 a 的变量没有被定义，那①处的 a 呢？

这就牵扯到变量的作用域了。此处，a 是一个局部变量。顾名思义，局部变量只能在其定义的局部范围之内使用，在这个定义范围之外就不能够调用了。这也是上述实例在运行到代码行②时会报错的主要原因。因为 a 定义在函数 old() 的函数体内，所以只有在函数体内才能够得到调用，即只有在这个函数内部才是有效的。

相应地，局部变量对应的是全局变量。顾名思义，全局变量是在整个实例中都可以被调用的变量，它的调用范围也更大。在一个源文件中，全局变量在其定义之后的任意位置都可以接收或调用，但也只是局限在这个源文件中，并不能跨文件调用。举例如下：

```
# 声明一个全局变量并尝试在函数体内调用
a = 5    # 全局变量 a 赋值为 5

def old():
    """函数体内打印全局变量"""
    print('函数体内 a=' + str(a))

old()
print('函数体外 a=' + str(a))
```

这个实例在定义函数之前，声明了一个变量 a，并赋值为 5，同时在函数体内与函数之外都调用了这个变量，结果如下：

```
函数体内 a=5
函数体外 a=5
```

可以看到都能将结果打印出来。在这个实例中 a 是一个全局变量。那么，如果对这个实例进行简单修改，在函数体 old() 内再定义一个局部变量也命名为 a 时，又会出现怎样的结果呢？修改后的实例如下：

```
a = 5          # 全局变量 a 赋值为 5

def old():
    a = 3
    print('函数体内 a=' + str(a))

old()
```

```
print('函数体外 a=' + str(a))
```

可以看到先是在程序的开头声明了一个全局变量 a，赋值为 5，在其后定义的函数体内声明了一个命名相同的局部变量 a，赋值为 3。运行该程序，结果如下：

```
函数体内 a=3
函数体外 a=5
```

可以看到在函数体内调用的是局部变量 a，而不是全局变量 a，而到了函数体之外调用的是全局变量 a。这说明，若全局变量与局部变量命名相同时，在局部变量所在函数体内其优先级大于与其同名的全局变量，而到了函数体外，则是全局变量的影响范围了。

那么，如果想要在全局范围内可以调用某个函数内定义的变量有没有办法呢？这时候就需要用到一种新的变量声明方法 global。看一个简单的实例：

```
     def new():
①       global d  # 使用 global 定义一个局部变量
②       d = 4

     new()
     print('函数体外 d = ' + str(d))
```

观察上述代码，使用 global 定义了一个局部变量 d，并赋值为 4，然后在函数之外调用这个局部变量 d，结果如下：

```
函数体外 d = 4
```

由输出结果可知，通过 global 在函数体内定义的变量可以被全局调用了。这里要强调下 global 的用法：使用 global 只能先定义，再赋值，即如代码行①所示，先通过 global 定义声明这个变量，再通过代码行②对这个变量进行赋值。不过最好少使用这种方法，有可能造成不必要的麻烦。

5.3　返　回　值

函数在程序之中为一个个功能模块。功能模块之间存在调用和被调用的关系，被调用的函数可以返回处理结果，也可以不返回处理结果。每个程序均由一个主函数和多个被调用的函数组成。本节主要对 return、yield 等语句进行学习。

5.3.1　return 返回

首先给出一个实例：

```
     def sum_function(c, d):
        Sum = int(c) + int(d)
①       return Sum

     a = input("Please input a number:")
```

```
    b = input("Please input a number:")
②  Sum = sum_function(a, b)
    print(Sum)
```

这个实例与之前实例的区别在于，代码行①多了一行用来返回指定值的代码，使用 return 返回指定变量名为 Sum 的变量，同时需要在调用处②声明一个新的变量来接收这个值。分别输入数值 6 与 9，可得结果为 15。输出结果如下：

```
Please input a number:6
Please input a number:9
15
```

这时候自定义函数就像是一个具有特定功能的工具了，只需要输入所需要的参数，就可以得到加工后的参数。其中，return 的作用是将这个处理后的结果传递给调用的代码行。同时，return 语句的运行也意味着本次对这个函数的调用结束，例如：

```
    def example(a, b):
        d = a - b
①       return d
②       print('结果')

    c = example(3, 5)
    print("两数之差为: ", c)
```

可以看到，在代码行①处就调用了 return 语句传递变量 d，但是在函数体并没有结束，代码行②多了一行代码，这时②会不会被编译器运行呢？程序运行结果如下：

```
    两数之差为: -2
```

可以看到代码行②并没有被编译器所执行，这是因为 return 语句的执行对于编译器而言就代表着本次函数调用已经结束了，函数体内 return 之后的语句不再被编译器所执行。

使用 return 语句可以返回各种类型的变量，但要注意的是 return 语句只能返回一个变量，想要返回多个参数怎么办？在后面的章节会单独对这部分做讲解。总体来说，Python 中 return 语句与 C 语言中的 return 语句使用方式基本相同，如果对 C 语言有过一定的学习，那么这部分内容很容易掌握。

5.3.2　yield 返回

除 return 语句之外，还有一种特殊的返回值语句，即 yield 语句。其涉及生成器的相关概念，在本书中不做过多赘述，本小节主要对其用法进行简单的介绍与学习。

当程序运行到 return 语句之后返回对应参数便会停止该函数的调用，而 yield 语句的功能则不同，其在功能结束后会暂停函数的调用，保存当前函数状态，可以通过其他指令从保存的函数状态继续执行。举例如下：

```
    def example_yield_one():
        print('函数开始调用')
```

```
①      y = yield 5
       print('y的值为：' + str(y))
       print('函数调用结束')

  x = example_yield_one()
  print(type(x))
  print(x)
② print(next(x))
③ # print(next(x))
```

代码行①执行了 yield 语句，且在这条语句之后函数体并没有结束；代码行②执行了 next()方法，该方法是调用 yield 语句的方法之一，它的功能是唤醒暂停的语句，继续执行，运行结果如下：

```
<class 'generator'>
<generator object example_yield_one at 0x00000236EE594820>
函数开始调用
5
```

通过运行结果可知，变量 x 通过函数 example_yield_one()的声明后，成为 generator 型数据变量，内存地址空间为 0x00000236EE594820，即 x 被声明为一个生成器对象（generator 表示的是生成器类型）。此时打印变量 x，可以发现其与 return 语句的区别。return 语句返回的结果为指定的数据，而 yield 返回的则是生成器。此时该函数暂停，通过代码行②调用 next()方法，继续执行该函数。若执行代码行③，运行结果如下：

```
<class 'generator'>
<generator object example_yield_one at 0x00000157FB034820>
函数开始调用
5
y的值为：None
函数调用结束
```

可以发现函数从代码行①之后的语句开始执行，但由于 next()并不传递任何参数，故代码行①变量 y 所赋值为空。对于新方法 send()方法，可以理解为其具有 next()方法的功能，并且向暂停的地方返回一个参数。例如，把代码行③改为 print(x.send(6))，运行结果如下：

```
<class 'generator'>
<generator object example_yield_one at 0x0000016E71D54820>
函数开始调用
5
y的值为：6
函数调用结束
```

可以发现，变量 y 接收了一个值。具有 yield 语句的函数严格来讲为生成器函数，生成器是 Python 的一大特性，其应用范围较小。生成器的最大优点是可以节省内存空间。比如，对于元组、字典、列表、集合这几种特殊的数据类型，若一次性生成的数据量过于庞大，其会占用过多内存空间，而通过生成器的特点，仅需要少量的内存空间就足够来替代使用。

下面给出这方面的一个拓展实例：

```
for n in range(1000):        # 利用 for 循环来实现从 1 到 1000 的调取
    print(n)


def foo(num):                # 利用生成器来实现从 1 到 1000 的调取
    print("starting...")
    num = 0
    while num < 1000:
        num = num + 1
        yield num


for n in foo():              # for 循环同样起到 next 方法的作用
    print(n)
```

上述实例通过不同方法实现相同功能。初学者一般会采用第一种利用 for 循环的方法，相对更简单易懂。假设用这两种方法打印从 1 到 n 之间的所有数，可以看出两者的时间复杂度都是 O(n)。但是，程序的设计要同时考虑其空间复杂度。通过空间复杂度分析，使用 for 循环，range(n)直接在内存中生成了一个从 1 到 n 的列表，故其空间复杂度为 O(n)。反观第二种方法，利用生成器，每次调用均为及时生成下一个数，每次占用的内存空间为常数，其空间复杂度为 O(1)。相较之下，虽然使用生成器比使用 for 循环复杂烦琐，但却大大节省了内存空间。

5.3.3　返回特殊变量

通过对返回语句的学习，可以发现 return 语句每次只能返回一个指定变量的参数，那么如果想要一次性返回多个参数需要怎么做？这时候就可以利用前面学到的特殊数据类型，比如列表。可以利用列表存储多个需要返回的参数，然后使用 return 语句直接将这个列表传递回去，当然也可以将列表传递给函数，经函数加工后再返回处理完毕的列表。

下面给出一个返回列表的实例：

```
def build_list():
    """返回一个列表，其中的内容为生成的列表"""
    L = []
    for h in range(10):
        L.append(h)
    return L


Z = build_list()
print(Z)
print(type(Z))
```

这个实例是通过自定义一个函数建立了一个存储从 1～9 的列表，再把生成的列表返回到主函数之中，输出结果如下：

```
[0,1,2,3,4,5,6,7,8,9]
<class 'list'>
```

再看一个返回字典的实例：

```
def build_teacher(name, age, sex, hobby):
    """返回一个字典，其中内容为某位老师的个人信息"""
    teacher = {'name': name, 'age': age, 'sex': sex, 'hobby': hobby}
    return teacher


teacher_one = build_teacher('Li Lin', 36, 'boy', 'basketball')
print(teacher_one)
print(type(teacher_one))
```

打印结果如下：

```
{'name': 'Li Lin', 'age': 36, 'sex': 'boy', 'hobby': 'basketball'}
<class 'dict'>
```

最后再看一个返回集合的实例：

```
def build_set(A, some_word):
    """返回一个集合，其中内容为某些单词或词组"""
    j = some_word
    A.add(j)
    return A


A = {'I', 'am'}
for i in range(2):
    a = input("请输入:")
    B = build_set(A, a)
print(B)
print(type(B))
```

这个函数的功能是把输入的参数添加到原有的集合之中，再返回添加之后的集合变量，输出结果如下：

```
请输入:is
请输入:are
{'are', 'am', 'is', 'I'}
<class 'set'>
```

对于 return 语句而言，列表、字典、集合及元组这四种数据类型都可以作为一个返回值参数，只要指定其变量的名称就可以。

5.3.4　利用返回值实现递归方法

首先了解什么是递归。在计算机编程语言当中，把直接或间接调用自身函数的函数称为递归函数。再通俗一点，如果计算某个结果的每一步都需要使用到前一步或前几步的结果，那么就称这个过程是递归。如斐波那契数列，其定义为：$F(0)=0$，$F(1)=1$，$F(2)=1$，$F(n)=F(n-1)+F(n-2)$（$n \geq 3$，$n \in N*$），当 $n>3$ 时，每次计算都需要用到之前两步的值，这是一个递归。再比如阶乘，要计算 5 的阶乘，就需要 5 乘上 4 的阶乘，依次类推，很显然是一个递归的过程。

下面先使用一般方法实现计算某个数的求阶乘算法，比如若指定求 5 的阶乘，即计算 5*4*3*2*1 的结果，具体代码如下：

```python
def factorial(n):
    s = 1
    for i in range(1, n + 1):
        s = s * i
    return s

a = factorial(5)  # 求 5 的阶乘
print('5 的阶乘为'+str(a))
```

输出结果如下：

```
5 的阶乘为120
```

接下来使用递归的方法实现该功能，代码如下：

```python
def factorial_new(n):
    if n > 1:
①        return n * factorial_new(n - 1)
    elif n == 1:
        return 1

② b = factorial_new(5)
    print('5 的阶乘为'+str(b))
```

可以看到，代码行①处返回的不是一个普通的参数，而是一个变量乘上自定义函数本身。下面详细讲解这个函数的具体运行过程。首先在代码行②处调用了函数 factorial_new()，并传递了一个参数 5，意思是要使用这个函数来计算 5 的阶乘。函数的形参变量 n 接收到 5 之后，得 n>1。所以，这时执行语句①，return 命令返回 5*factorial_new(5-1)。这时需要先将结果计算出来再返回对应数据，这时函数又被调用，接收参数为 4，计算 4 的阶乘，依次类推。直到函数接收的参数为 1 时返回 1，这时候接收参数为 2 的函数调用 2*1 得 2 并返回，依次类推得 24 时，24 被返回与 5 相乘得 120，再返回到主函数里，变量 b 接收这个数据，运行结束。

大多数情况下，使用递归比使用循环更容易书写代码，提升了代码的整洁程度。当然使用递归时的时间复杂度和空间复杂度可能都比原方式要高，所以在实际编程过程中需要自己权衡利弊，根据使用场景的不同决定是否使用递归方法。

5.4 函数模块化

5.4.1 函数的导入与调用

之前实例均将函数与调用主体写在同一个源文件之中。对于大型软件开发，为函数单独建立源文件可以方便源码的修改和交流，也是标准化程序设计的要求。本节学习将函数存放在单独的源文件中，在程序主体的源文件之中对其进行调用。

先创建一个文件名为 food.py，这里面存储函数模块，具体代码如下：

```
def introduce_food(number, food_kind={}):
    """介绍要制作的食物"""
    print("接下来将会上" + str(number) + "道菜品")
    print("分别是: ", end=' ')
    for i in food_kind:
        print(i, end=' ')
```

再新建一个文件 show_food.py，这里面写程序的主体，导入 food.py 并调用其内部的函数 food()，代码如下：

```
① import food

② one = food. introduce_ food(6, {'糖醋排骨', '水煮肉片',
                                  '锅包肉', '猪肘子', '红烧肉'})
```

代码行①是导入模块的代码，格式是：

```
import 调入模块文件名
```

这里要特别注意，如果模块文件与主体程序文件不在同一路径下时需要写明文件的路径，路径的声明可以是相对路径也可以是直接路径，但一定要准确，否则默认是在同一文件夹下，会找不到对应的模块文件。

这种导入方式是导入整个模块，所以调用的时候需要写明模块名，使用句号来分隔模块名与调用的函数名，如代码行②所示。运行 show_food.py 文件，结果如下：

```
接下来将会上 6 道菜品
分别是:  红烧肉 猪肘子 锅包肉 水煮肉片 糖醋排骨
```

food.py 文件中只有一个函数，导入的方法也是导入整个模块。

下面学习另外一种导入方法：导入模块中特定的函数，这种情况下也只能调用被指定导入的自定义函数，建立 drink.py 文件，代码如下：

```
def drink_beer(brand, degree, ml):
    print('这瓶啤酒来自' + brand + '。')
    print('酒精度数为' + str(degree) + '度，共' + str(ml) + '毫升。')

def drink_juice(brand, ml):
    print('这是' + brand + '牌的果汁，每瓶' + str(ml) + '毫升。')
```

这个模块中有两个自定义函数：第一个函数是打印啤酒的基本信息，第二个函数是打印果汁的基本信息。一个模块内可以编写自定义函数的数量不做限制，可以写任意数量的函数。下面建立 bar.py 文件，代码如下：

```
① from drink import drink_beer, drink_juice

    drink_beer('百威', 11, 500)
    drink_juice('汇源', 650)
```

这里①使用了与之前不同的模块导入方式，其格式为：

```
from 模块名 import 指定函数名 1, 指定函数名 2, ......
```

这种导入方式只导入指定模块中指定函数名的函数，好处是调用时不用再声明函数所属的模块名了，模块中其他未指定的函数不被导入进来，运行 bar.py 结果如下：

```
这瓶啤酒来自百威。
酒精度数为 11 度，共 500 毫升。
这是汇源牌的果汁，每瓶 650 毫升。
```

还有一种导入模块中所有函数的方法，格式为：

```
from 模块名 import *
```

使用这种方式导入模块内所有函数时，调用函数的方式与导入特定函数的调用方式一致，但不建议使用。当模块规模过大，对其中函数的命名不熟悉时，容易与其他模块中的函数名重名，造成不必要的麻烦。

5.4.2 使用 as 指定别名

如果模块或者函数的命名过于烦琐，编程过程中稍不留神就有可能输错，这时候就可以利用 as 在导入模块时，对模块或函数进行重命名，调用的时候就可以使用对应函数的新命名，有利于代码整洁，也不容易出错。

要注意的是对函数或模块的重命名一定不要与已存在的变量或其他的函数名相重复，这可能造成调用混乱，运行报错。

给模块指定别名的语法：

```
import 模块名 as 别名
```

给函数指定别名的语法：

```
from 模块名 import 函数名 as 别名
```

比如将前面的 show_food.py 修改一下，代码如下：

```
import food as f

one = f.introduce_food(6, {'糖醋排骨', '水煮肉片',
                           '锅包肉', '辣子鸡丁', '红烧肉'})
```

观察上述代码，对原有的模块名进行重命名后，就可以使用重命名后的名字进行调用，这也使得代码更加整洁。一定要注意重命名不要与程序之中的变量名搞混，这些改动对运行结果无影响，故不再进行展示。

5.5 第三方库的安装及使用

5.5.1 第三方库的安装

在实际开发过程中，仅使用 Python 本身自带的库远远达不到开发目标，由于其面向对象的特性，在 Python 发展的过程之中产生了许多第三方库。这都是热衷于 Python 开发的编程人员常年开发积累而成的，如第 3 章的 turtle 库。

安装第三方库的命令为：

```
pip install 库名
```

首先到计算机桌面，同时按下 Win+R 键打开"运行"，输入 cmd，打开终端命令符界面，比如想要下载安装一个 turtle 库，就在界面直接键入 pip install turtle，等待安装就可以了。但是在多数 Python2 的开发环境中，需要手动安装 pip 工具。Python 2.7.9 + 或 Python 3.4+ 以上版本都自带 pip 工具。手动安装 pip 工具的方法具体搜索网络资源可解决。由于本书是在 PyCharm 的环境下进行编程，那么现在阐述如何在 PyCharm 下安装第三方库。

在打开 PyCharm 之后，在界面的左下方单击 Terminal，会显示如图 5.1 所示界面。

图 5.1 Terminal 界面

在这个界面里面就可以直接使用 pip 命令来安装第三方库了，简单高效，其中 pip 相关指令用法如表 5.1 所示。

表 5.1 pip 指令

指令	用法
pip install xxx	用来安装相关 Python 包的命令
pip install xxx==y.y.y	用来安装指定版本(y.y.y 为版本号)相关 Python 包的命令
pip list	查询已经安装了的包及其版本号
pip -i url xxx	指定 url 下载相关包并安装
pip uninstall xxx	用来卸载指定 Python 包
pip install － r xxx.txt	安装 txt 文本中记录的所有包

图 5.2 是通过 PyCharm 安装 jieba 第三方库。

```
(venv) D:\new python project\Book_词汇>pip install jieba
Looking in indexes: https://pypi.tuna.tsinghua.edu.cn/simple
Collecting jieba
  Downloading https://pypi.tuna.tsinghua.edu.cn/packages/c6/cb/18eeb235f833b726522d7ebed54f2278ce28ba9438e3135ab0278d9792a2/jieba-0.42.1.tar.gz (19.2 MB)
     |████████████████████████████████| 19.2 MB 6.8 MB/s
Building wheels for collected packages: jieba
  Building wheel for jieba (setup.py) ... done
  Created wheel for jieba: filename=jieba-0.42.1-py3-none-any.whl size=19314482 sha256=7684712667673ab5e3bc9b3a17bc48dab93038c9ce34ddce2aa23bc0fe0e83a6
  Stored in directory: c:\users\administrator\appdata\local\pip\cache\wheels\f3\30\86\64b88bf0241f0132806c61b1e2686b44f1327bfc5642f9d77d
Successfully built jieba
Installing collected packages: jieba
Successfully installed jieba-0.42.1
```

图 5.2　安装 jieba 词库

有时需要安装.whl 格式的第三方库。此时，需要到官网下载相对应的.whl 格式的第三方库，下载完毕后将该文件复制到项目的根目录下。首先需要通过 pip install wheel 安装 wheel 包。安装完毕之后，可以通过

```
pip install 文件名.whl
```

这条命令语句安装对应的.whl 文件。

这里要特别注意 whl 格式文件要下载适合当前环境对应的版本，单击“Terminal”，直接在弹出的对话框中键入 pip debug –verbose 就可以查看 Python 版本所支持的环境了，如图 5.3 所示。

```
C:\Users\Administrator>pip debug --verbose
WARNING: This command is only meant for debugging. Do not use this with automati
on for parsing and getting these details, since the output and options of this c
ommand may change without notice.
pip version: pip 20.0.2 from d:\python\lib\site-packages\pip (python 3.6)
sys.version: 3.6.5 (v3.6.5:f59c0932b4, Mar 28 2018, 16:07:46) [MSC v.1900 32 bit
 (Intel)]
sys.executable: d:\python\python.exe
sys.getdefaultencoding: utf-8
sys.getfilesystemencoding: utf-8
locale.getpreferredencoding: cp936
sys.platform: win32
sys.implementation:
  name: cpython
'cert' config value: install
REQUESTS_CA_BUNDLE: None
CURL_CA_BUNDLE: None
pip._vendor.certifi.where(): d:\python\lib\site-packages\pip\_vendor\certifi\cac
ert.pem
Compatible tags: 24
  cp36-cp36m-win32
  cp36-abi3-win32
  cp36-none-win32
  cp35-abi3-win32
  cp34-abi3-win32
  cp33-abi3-win32
  cp32-abi3-win32
  py36-none-win32
  py3-none-win32
  py35-none-win32
  py34-none-win32
  py33-none-win32
  py32-none-win32
  py31-none-win32
  py30-none-win32
  cp36-none-any
  py36-none-any
  py3-none-any
  py35-none-any
  py34-none-any
  py33-none-any
  py32-none-any
  py31-none-any
  py30-none-any
```

图 5.3　查看支持环境

5.5.2 PyInstaller 库的使用

所有编写的程序都需要在对应的编译器软件中执行，如果想将所写的 Python 程序生成为一个直接可运行的程序，可以使用 PyInstaller 库实现。

首先按照 5.4.1 节讲过的第三方库的安装方法，直接键入命令 pip install PyInstaller 就可以安装该库了，安装成功后交互窗口会显示 Successfully installed pyinstaller-x.x.x（其中-x.x.x 代表的是安装的版本号），此时便可以使用该库来将 Python 程序打包生成为 exe 可执行程序了。

先来打包一个简单的程序。在要打包的 Python 程序的目录下执行命令 PyInstaller -F Python 程序名.py 就可以了，等待命令执行完毕，当交互窗口显示 INFO: Building EXE from EXE-00.toc completed successfully 时代表已经成功了。这时在当前目录下会生成一个名为 dist 的文件夹，其中存放的是可执行的 exe 程序。（注：若该程序没有图形用

户界面，读者试图通过双击运行该程序，只能看到程序窗口一闪就消失了，无法看到该程序的输出结果。）

当然，PyInstaller 库的用法还有很多。PyInstaller 工具的命令语法如下：

```
PyInstaller 选项 Python 源文件
```

其中可支持的选项如表 5.2 所示。

表 5.2　PyInstaller 支持的常用选项

选项	用法
-h，--help	查看该模块的帮助信息
-D，--onedir	产生一个目录（包含多个文件）作为可执行程序
-a，--ascii	不包含 Unicode 字符集支持
-d，--debug	产生 debug 版本的可执行文件
-w，--windowed，--noconsolc	指定程序运行不显示命令行窗口（仅 Windows 有效）
-c，--nowindowed，--console	指定使用命令行窗口运行程序（仅 Windows 有效）
-o DIR，--out=DIR	指定 spec 文件的生成目录。如果没有指定，则默认使用当前目录来生成 spec 文件
-p DIR，--path=DIR	设置 Python 导入模块路径（和设置 PYTHONPATH 环境变量的作用相似）。可使用路径分隔符（Windows 使用分号，Linux 使用冒号）来分隔多个路径
-n NAME，--name=NAME	指定项目（产生的 spec）名字。如果省略该选项，那么第一个脚本的主文件名将作为 spec 的名字

表 5.2 列出的只是 PyInstaller 模块所支持的常用选项，如果需要了解 PyInstaller 选项的详细信息，则可通过 pyinstaller –h 进行查看。

5.5.3　jieba 词库的使用

对于打算进入自然语言处理领域的程序员而言，分词是最基础的一步。只有先将语料内容进行分词处理，然后才能执行相关的机器学习任务，如关键词提取、文本情感分析等。其中，jieba 词库是一个面向中文的分词工具，是中文分词中优秀的第三方库。

首先，安装第三方库 jieba，在命令交互界面输入 pip install jieba 即可自行下载并安装。然后，在程序开始键入 import jieba，即可以使用该库。先观察一个简单的分词小程序：

```
① import jieba

    book = '《哈姆莱特》描写的是丹麦王子哈姆莱特为父报仇的故事。'
② book_word = jieba.lcut(book)
    print(book_word)
```

其中代码行①即导入 jieba 库，代码行②使用了 jieba 库的 lcut()方法，括号内应该填写字符串类型的变量，最后打印输出结果如下：

```
Building prefix dict from the default dictionary ...
Loading model from cache C:\Users\blue\AppData\Local\Temp\jieba.cache
Loading model cost 0.605 seconds.
```

```
Prefix dict has been built successfully.
['哈姆莱特', '描写', '的', '是', '丹麦', '王子', '哈姆莱特', '为父', '报仇',
'的', '故事', '。']
```

可以看到使用 lcut()方法成功地把一个句子分为了一个个词，并以列表的形式存储，代码也十分简洁。

jieba 词库有三种模式，分别为精确模式、全模式和搜索引擎模式。其中精确模式是把文本精确地切分开，不存在冗余单词（切分开之后一个不剩的精确组合）。全模式是把文本中所有可能的词语都扫描出来，有冗余，即可能有一个文本，可以从不同的角度来切分，变成不同的词语。搜索引擎模式是在精确模式基础上，对长词语再次切分。

对应三种模式有两种不同的调用命令，即 jieba.cut()和 jieba.lcut()。两者的区别在于：cut 方法返回的是一个可迭代的数据类型，可以使用 for 循环语句遍历出所有的词；lcut 方法返回的是一个列表类型，列表存储的内容是分好的词，可以根据不同的场景选择不同的方法调用。

jieba 库常用函数如表 5.3 所示。

表 5.3　jieba 库常用函数

函数	对应描述
jieba.cut(s)	精确模式：返回一个可迭代的数据类型，没有冗余
jieba.cut(s, cut_all=Ture)	全模式：输出文本中所有可能的单词，有冗余，长词组
jieba. cut_for_search(s)	搜索引擎模式：适合搜索引擎建立索引的分词结果，有冗余，长词组
jieba.lcut(s)	精确模式：返回一个列表类型
jieba.lcut(s, cut_all=Ture)	全模式：返回一个列表类型
jieba. lcut_for_search(s) (s)	搜索引擎模式：返回一个列表类型
jieba.add_word(w)	向分词词典中增加新词

5.6　函数编写规范

函数编写规范是 Python 代码编写规范的延伸，应该注意遵守以下规约：

（1）函数名的命名应该是对这个函数功能的简要说明，尽量做到见名知意，且一般只在其中使用字母和下画线。

（2）每个函数在编写函数体内部内容前最好加上有关这个函数功能的描述性注释（3类多行注释），能够使阅读代码的人更好地了解这个函数所实现的特定功能。

（3）在使用默认值参数时，在括号内对形参赋予默认值的等号左右两边不要有空格，如果实参采用的是关键参数，那么等号的左右两边也不要有空格，这个是与一般编写规范有所不同的地方。需要特别注意的是，留有空格也不会影响程序的运行，这只是一种编程规范。

（4）如果一个源文件中有多个函数，每个函数之间可以使用两行空行进行分隔，以方便识别各个函数的函数体内容。

（5）注意所有的 import 语句都应该放在文件的非注释语句的第一行。

以上内容仅是常用的规范，在某些大型软件开发公司，针对公司的特点，有相对具体的编写规范。编写规范只影响程序的美观、可读性等，但不会影响程序的结果和执行。

本 章 小 结

本章对函数进行了简单的介绍，包括函数的定义与调用、形参与实参、返回值、函数命名规范等。利用函数，可以简化代码的编写框架，避免重复编写相同功能代码的烦琐工作。函数是面向过程的编程语言与面向对象的编程语言中非常重要的学习内容。函数是类的基础，函数与类的高效利用极大地提升程序编写的效率。

习　　题

一、选择题

1. Python 中，函数定义可以不包括（　　）。
   A. 函数名　　　　　　　　　　　　　B. 可选参数列表
   C. 一对圆括号　　　　　　　　　　　D. 关键字 def

2. 以下关于函数参数传递的描述，错误的是（　　）。
   A. Python 支持可变数量的参数，实参用 "*参数名" 表示
   B. 函数的实参位置可变，需要形参定义和实参调用时都要给出名称
   C. 调用函数时，可变数量参数被当作元组类型传递到函数中
   D. 定义函数的时候，可选参数必须写在非可选参数的后面

3. 以下关于函数的描述，正确的是（　　）。
   A. 函数的全局变量是列表类型的时候，函数内部不可以直接引用该全局变量
   B. 若函数内定义了跟外部全局变量同名的数据类型的变量，函数内引用的变量不确定
   C. Python 的函数里引用一个组合数据类型变量，就会创建一个该类型对象
   D. 函数的简单数据类型全局变量在函数内部使用的时候，需要在显式声明为全局变量

4. 以下关于 Python 内置库、标准库和第三方库的描述，正确的是（　　）。
   A. 第三方库需要单独安装才能使用
   B. 内置库里的函数不需要 import 就可以调用
   C. 第三方库有三种安装方式，最常用的是 pip 工具
   D. 标准库跟第三方库发布方法不一样，是跟 Python 安装包一起发布的

5. 以下关于 Python 函数使用的描述，错误的是（　　）。

A. 函数定义是使用函数的第一步

B. 函数被调用后才能执行

C. Python 程序里一定要有一个主函数

D. 函数执行结束后，程序执行流程会自动返回到函数被调用的语句之后

6. 以下关于函数参数和返回值的描述，正确的是（   ）。

A. Python 支持按照位置传参也支持名称传参，但不支持地址传参

B. 可选参数传递指的是没有传入对应参数值的时候，就不使用该参数

C. 函数能同时返回多个参数值，需要形成一个列表来返回

D. 采用名称传参的时候，实参的顺序需要和形参的顺序一致

二、编程题

1. 编写功能为打印"Hello World"的函数，并调用这个函数。

2. 编写通过接收"Hello World"字符并打印的函数，并调用这个函数。

3. 编写函数功能为计算两个数值的和，并返回求得的值，调用这个函数并打印结果。

4. 有一对兔子，从出生后第 3 个月起每个月都生一对兔子，小兔子长到第三个月后每个月又生一对兔子，假如兔子都不死，第 n 个月有多少对兔子？（使用递归的思想解决）

第6章 类

6.1 类的介绍和创建

6.1.1 面向对象编程与类

1. 面向对象编程

C 语言是一种典型的面向过程的编程语言，C 语言更注重对过程的剖解，即将问题拆分成一个个函数或数据，再根据一定的顺序来执行，最终解决问题。

面向对象的编程则是把问题抽象为一个个对象，即把事物抽象为对象。每个对象包含属性和函数，函数也称为方法。问题处理的过程即为各个对象组织顺序的过程，每个对象处理完自己的属性和方法，问题则得到了解决。面向对象的编程由于其将问题抽象为一个个的对象，所以代码的模块化功能更好。

面向对象编程是尽可能模拟人脑的思维方式，使得编程过程尽可能接近人类解决现实问题的方法和过程，其注重代码的重用性、灵活性和扩展性。面向对象编程也称为面向对象程序设计（object oriented programming，OOP）。

面向对象的编程有三大基本特性：封装、继承、多态。

1）封装

封装的表面意思是将某些东西封起来装到一起，不让外界看到其内部组成。在面向对象的编程里，其特性就如其字面意思，将实际客观的事物抽象为对象，将不需要外部知道或者需要向外部隐藏的属性或方法封装隐藏起来，只对外部开放类允许访问的属性或方法，这样可以保护对象内部的一些属性或方法不会被外部的因素轻易破坏或错误地使用。

2）继承

在面向对象的编程中，某类获得其他类的属性和方法的方式被称为继承，这是一种能够减轻实际编程难度或缩短编程时间的方式，获得其他类属性与方法的类被称为子类，被获取的类被称为超类或父类。子类继承父类的全部属性与方法，且子类可以对继承的属性与方法进行扩展或更新，对父类本身不造成任何影响。例如，汽车是父类，而轿车、越野、大巴则是子类。

3）多态

多态是对象的某种方法在不同的应用场景或不同的实例下所拥有的不同表现，即一种方法可以实现多种形态。多态增加了程序的灵活性与可扩展性，使得对象的使用更加灵活方便。多态就是同一个接口（函数）基于不同的实例而执行不同操作。例如，父类中有函数 eat()，则在不同的子类中，可以对函数 eat() 实际需求进行实现，即多态可被认为是同一函数的不同实现过程。

2. 类

类是一个共享相同属性和行为对象的集合。类定义了一件事物的抽象特点。通常来讲，类定义了事物的属性和它可以做到的行为。根据类创建一个对象的过程被称为实例化。类是对象的抽象化，对象是类的实例化。面向对象的程序设计重点在于对类的设计，而不是对象的设计。

6.1.2　类的创建与使用

1. 类的创建

下面这个例子将计算机类产品虚拟为一个对象的类，用来模拟计算机的配置及开关机活动。代码如下：

```
① class Computer:
        """将计算机产品虚拟为一个类"""

②      def __init__ (self, brand, cpu, gpu, ram, system):
        """初始化属性"""
            self.brand = brand
            self.cpu = cpu
            self.gpu = gpu
            self.ram = ram
            self.system = system

③      def show_computer(self):
        """模拟计算机的配置展示"""
                print('这台计算机的配置如下所示：')
                print('CPU:' + self.cpu)
                print('GPU:' + self.gpu)
                print('RAM:' + self.ram)
                print('system:' + self.system)

④      def startup(self):
        """模拟计算机开机"""
                print('\n' + self.brand + '计算机开机中。')
        print('计算机已启动！')

⑤      def shutdown(self):
        """模拟计算机关机"""
                print('\n' + self.brand + '已关机。')
```

代码行①class Computer 表示创建一个名为 Computer 的类。这里要注意，在 Python3 的环境下和在 Python2 的环境下创建类的规则有所不同。

在 Python3 环境下，类名后面可以加括号也可以不加。当这个类不继承其他类时，括号内一般为空，这时候括号可以省略。也可以在括号内加上 object。这是因为 Python3 环境下，类的创建自动继承了 object 中的部分属性与方法，即在 Python3 内下列类创建方式是等价的：

```
class Computer:
class Computer():
class Computer(object):
```

而在 Python2 的环境中创建必须加上括号且括号内加上 object。因为 Python2 中并自动不继承，需要手动继承，因而只能定义为：

```
class Computer(object):
```

这时候才与 Python3 的类定义近乎等价，这一点要特别注意。

代码行②是这个类中的第一个方法（类中定义的函数一律称为类方法），也是必须要有的方法。这个方法很特殊，一般被称为魔法方法。因为其执行过程与一般函数有所区别，而这个方法的内部专门用来接收传递的属性信息。

代码行③模拟的是计算机的配置面板，用来显示计算机的配置信息；代码行④模拟的是计算机开机过程，代码行⑤模拟的是计算机关机过程。

如果仔细观察，就会发现类中定义的方法的括号中都有一个形参 self，这在第 5 章学习函数时没有阐述，这是一个特殊的形参，用来存储这个类的所有属性，而且形参 self 不能被省略。该关键字与 Java 语言中的 this 类似，不同之处是 Java 语言中需要先定义变量，然后再使用 this 调用类内的变量。由于 Python 中不需要先定义变量，因此可以直接使用 self 调用类内的变量，该变量名称来自__init__函数中的形参。

2. 类的使用

1）魔法方法：__init__()与__del__()

以两边各有一条下画线方式命名的方法一般被称为魔法方法。这些方法会在特殊的情况下被 Python 所调用，可以在里面定义任何自己所想定义的行为。

__init__()方法在每次使用类创建实例的时候就会自动地调用，不需要设置调用语句。该方法的主要作用是接收创建实例时接收传递过来的参数，并将这些参数赋值给该实例的属性，以保证这些参数不会丢失。类似于 Java 语言中的初始化操作和构造函数。

在上文所述的例子中，如果实例化对象 com = Computer('Lenovo', 'i7-9700', '2080Ti', 'ram', 'win7')，则该行语句会自动地调用__init__()方法初始化所有变量，不需要语句调用该魔法方法。

具体举例如下：

```
def __init__ (self, new_brand, new_cpu, new_gpu, new_ram, new_system):
    """初始化属性"""
    self.brand = new_brand
```

```
        self.cpu = new_cpu
        self.gpu = new_gpu
        self.ram = new_ram
        self.system = new_system
```

在上述代码中，new_brand、new_cpu、new_gpu、new_ram、new_system 为传递过来的参数，而 brand、cpu、gpu、ram、system 为类内的参数，需要通过关键字 self 调用。

__del__()方法类似于 C++语言中的析构函数，用于程序结束之前进行对象销毁操作，从而释放程序中的变量、对象、函数在内存中所占用的空间，其自动执行，不用显示地调用该函数。如果在销毁对象时进行更多的操作，可以在该函数中添加代码行。具体举例如下：

```
class Phone:

    def __init__(self):
        print("执行 init 函数")

    def __del__(self):
        print("执行 del 函数")

HUAWEI = Phone()
```

运行结果为：

```
执行 init 函数
执行 del 函数
```

2）类方法

Python 中常用的方法有实例方法、类方法和静态方法。方法即函数，在第 5 章中对实例方法进行了详细介绍。而类方法与实例方法主要区别在于使用的第一个参数不同：实例方法中第一个参数为 self，而类方法中第一个参数为 cls。静态方法不调用类中数据，也不需要接收参数，静态方法没有 self、cls 等参数。因此，Python 解释器不会对静态方法包含的参数做任何类或对象的绑定。此外，类的静态方法无法调用任何类属性和类方法。self 为特殊形参，程序执行时在内存中开辟了一块专门空间用来存储实例中的属性。

为了更加详细地对比三类方式，给出如下示例：

```
class Test:

    def foo(self, x):
        print("实例方法" + x)

    @classmethod
    def class_foo(cls, x):
        print("类方法" + x)
```

```
        @staticmethod
        def static_foo(x):
            print("静态方法" + x)

    test = Test()
    test.foo("测试")
    test.class_foo("测试")
    test.static_foo("测试")
```

运行结果如下：

```
    实例方法测试
    类方法测试
    静态方法测试
```

3）创建类的实例

下面学习如何使用所定义的类创建一个实例。具体代码如下：

```
    class Computer:
        --skip--# 该部分内容为 6.1.2 节中所编写的类故不再重复展示

①      HP = Computer('惠普', 'i5-9600', 'RTX 2080TI', '16GB', 'Windows 10')
        HP.show_computer()
        HP.startup()
        HP.shutdown()
```

代码行①创建了名为 HP 的实例，并向类 Computer 传递了 5 个实参变量。该行代码运行时自动调用魔法方法 __init__()初始化类的变量。该参数传递方式与函数传递方式有所区别，函数接收的参数存储在形参之中，作为一个局部及临时变量。类中则通过 self 所创建的空间将接收到的参数值赋值给类内属性。

随后，调用了类方法，调用方式是：实例名.方法名(实参 1，实参 2，......)。上述代码运行结果如下所示：

```
    这台计算机的配置如下所示：
    CPU:i5-9600
    GPU:RTX 2080TI
    RAM:16GB
    system:Windows 10

    惠普计算机开机中。
    计算机已启动！

    惠普已关机。
```

另外，还可以由一个类来创建多个实例，且实例之间的属性互不影响，观察如下

使用自定义的 Computer 类所创建的实例:

```
class Computer:
    --snip--

①  HP = Computer('惠普', 'i5-9600', 'RTX 2080TI', '16GB', 'Windows 10')
②  LX = Computer('联想', 'i7-10700k', 'RTX 2060super', '8GB', 'Windows 10')
    print(HP.brand)
    print(LX.brand)
```

观察①与②,这是使用同一个类创建的两个不同的实例,使用 print 打印它们的 brand 属性,观察是否会有影响。程序运行结果如下:

```
惠普
联想
```

可以看到两个实例的属性值并不互相影响,此时就能把定义的类看作是一种特殊的数据类型,在上述代码之中只是定义两个"数据类型"的变量而已。在本质上,类也是一类数据结构,只是这种结构需要自己定义。

4)属性的访问和修改

类中的属性有多种操作,比如,对某些属性设置默认值,或者调用实例的属性直接赋值或更改,或者在类中定义一个新的方法专门用来修改指定属性的值等。

观察如下实例:

```
class Phone:
    """将手机产品虚拟为一个类"""

①  def __init__(self, brand, cpu, system):
        """初始化属性"""
        self.brand = brand
        self.cpu = cpu
②      self.ram = '8GB'
        self.system = system

    def show_phone(self):
        """模拟手机配置展示"""
        print('这台手机的配置如下所示: ')
        print('品牌:' + self.brand)
        print('处理器:' + self.cpu)
        print('运行内存:' + self.ram)
        print('手机系统:' + self.system)

③  def set_ram(self, ram):
        """修改属性的值"""
        self.ram = ram
```

```
④      def get_ram(self):
         """打印属性的值"""
         print(self.brand + '手机的运行内存为:' + self.ram)


         HUAWEI = Phone('华为', '麒麟 990 5G', 'EMUI 10.1')
         HUAWEI.show_phone()
⑤  print(HUAWEI.ram)
⑥  HUAWEI.set_ram('12GB')
   HUAWEI.get_ram()
⑦  HUAWEI.ram = '10GB'
      HUAWEI.get_ram()
```

要特别注意，类属性的值存储在由 self 开辟的空间之中，而不是①括号内的形参。括号内的形参只是用来接收实参传递过来的属性值，并传递给 self 开辟空间内的属性，这些形参只是临时形参，只在这个类的这个方法中有效。所以，代码行②定义的属性是设置了一个默认值，故不需要通过接收参数来获取属性值，这便是类中属性默认值的用法。

如果创建实例的 ram 属性值不是默认值怎么办？或者需要更改怎么办？这里提供两种思路。第一种方法是直接调用实例的 ram 属性，如代码行⑦所示，直接在程序主体中调用 ram 属性并为其赋值。第二种方法是在类中设置一个方法专门用来修改该属性的值，如代码行③所示。通过参数的传递，设置一个形参接收修改的值，再把该值赋值给属性。代码行⑥是对该方法的调用，将修改的值作为实参传递过去。

同理，如果要获取该参数也有两种思路。一种是直接调用该属性，如代码行⑤所示；另一种方法是在类中设置一个方法来调用该属性，如代码行④所示的方法。该方法内可以直接打印该属性，也可以利用 return 语句返回属性的值，然后在程序主体设置一个变量接收属性的值，运行结果如下：

```
8GB
这台手机的配置如下所示:
品牌:华为
处理器:麒麟 990 5G
运行内存:8GB
手机系统:EMUI 10.1
华为手机的运行内存为:12GB
华为手机的运行内存为:10GB
```

5）私有属性与私有函数

如果类中的属性或者函数不想被公开，则可以使用私有属性和私有函数。私有函数和私有属性之前加"__"（两个下画线）即可。此时，不能再通过"类名.属性名"或者"对象.属性名"调用私有属性，必须要通过建立类中的函数返回私有属性。具体例子如下：

```
class Phone:

    def __init__(self):
        self.__brand = "HUAWEI"

    def show_brand(self,name):
        if name == "HUAWEI":
            print("品牌:" + self.__brand)
        else:
            print("输入的品牌错误")

HUAWEI = Phone()
print(HUAWEI.show_brand("HUAWEI"))
```

私有函数例子如下:

```
class Phone:

    def __init__(self):
        self.brand = "HUAWEI"

    def __get_brand(self):
        print(self.brand)

    def show_brand(self,name):
        if name == "HUAWEI":
            self.__get_brand()
        else:
            print("输入的品牌错误")

HUAWEI = Phone()
print(HUAWEI.show_brand("HUAWEI"))
```

需要注意的是，在类中变量和方法均需要通过 self 调用，比如，上述例子中的 self.brand、self.__get_brand()等。此规则在所有类型的类函数中均适用。

6.2　继承与多态

前面学习过面向对象编程的三个最基本特性：封装、继承与多态。类的创建是一个封装的过程，不需要知道类里面的代码是如何实现某些功能的，只需要知道这个类有什么样的属性，又可以做什么，使用怎样的调用方法就可以，这正是封装的概念。接下来的学习内容体现另外两个特性。

6.2.1 父类与子类

先回顾继承的含义。通过特定的方式获得某个类的空属性与方法，并可以在此基础上对获得的属性及方法进行修改或扩展就称为继承。

当需要创建的类与已创建的类基本相似，但又存在差别时，就可以使用继承。创建一个子类来继承这个类的属性与方法，并在这个基础之上定义需要的新的属性与方法，大大简化了编码过程。

先根据之前模拟计算机的实例创建一个子类 Laptop。这个子类模拟的是一台笔记本式计算机，继承了 Computer 这个类的一切属性与方法。具体实现代码如下：

```
class Computer:
    """将计算机产品虚拟为一个类"""

    def __init__(self, brand, cpu, gpu, ram, system):
        """初始化属性"""
        self.brand = brand
        self.cpu = cpu
        self.gpu = gpu
        self.ram = ram
        self.system = system

    def show_computer(self):
        """模拟计算机的配置展示"""
        print('这台计算机的配置如下所示: ')
        print('CPU:' + self.cpu)
        print('GPU:' + self.gpu)
        print('RAM:' + self.ram)
        print('system:' + self.system)

    def startup(self):
        """模拟计算机开机"""
        print('\n' + self.brand + '计算机开机中。')
        print('计算机已启动！')

    def shutdown(self):
        """模拟计算机关机"""
        print('\n' + self.brand + '已关机。')

①  class Laptop(Computer):
        """模拟笔记本式计算机，继承 Computer 类"""

②      def __init__(self, brand, cpu, gpu, ram, system):
            """初始化父类的属性"""
```

```
③                    super().__init__(brand, cpu, gpu, ram, system)

                     DELL = Laptop('戴尔', 'i5', 'RTX 1050', '8GB', 'Windows 10')
④                    DELL.show_computer()
```

代码行①之前的代码为之前 Computer 类的例子，并无更改。对于代码行①，定义了一个名为 Laptop 的类，在括号内加上了 Computer，意思是继承了 Computer 类的属性与方法。同时，可以发现 Laptop 类中只定义了一个方法，就是魔法方法__init__()，即代码行②。这里要特别注意，括号内除了 self 这个特殊形参以外，其余的形参分为两种：一种是要继承的父类的属性（为避免出现使用混乱，尽量全部继承），另一种为子类打算新定义的属性用于接收参数的形参。在上述实例之中接收的形参全部为子类要继承的父类属性，并在方法中存储这些类属性的值。

初识化属性的方法只使用了一行代码，即代码行③，这与之前所学的属性的初始化方法有所区别，由于这个子类并未定义新的属性，那么其属性就是全部继承于父类。而 super()方法则是用来为父类与子类建立联系的桥梁。代码行③的作用就是直接调用父类的__init__()方法，从而实现继承父类的所有属性并实现了对属性的存储，这也使得代码更加简单整洁。

由于在子类中只定义了初始化属性的方法，那么代码行④调用在父类中定义的方法会有效吗？上述程序的运行结果如下：

```
这台计算机的配置如下所示：
CPU:i5
GPU:RTX 1050
RAM:8GB
system:Windows 10
```

可以看到，虽然 Laptop 中未定义 show_computer()方法，但是其继承了父类 Computer，所以，父类可以使用的方法，子类都可以使用，且在不对方法进行重写的前提下，方法的功能与调用方式一般是相同的。上述运行结果印证了继承的作用。

在 Python2 中继承的语法与 Python3 稍有不同，即在代码行③处有所不同，在 Python2 中的写法如下：

```
super(Laptop, self).__init__( brand, cpu, gpu, ram, system)
```

另外，在 Python2 中使用继承的时候，父类在创建时一定要加上括号并在括号内指定 object。同时，一个子类可以继承多个父类，格式为：

```
class 子类名(父类名1, 父类名2, ……)
```

6.2.2　子类的扩展

对前面继承了 Computer 类的 Laptop 类进行扩展。有人在买笔记本式计算机的时候会在意其重量，而台式计算机则没有人会太在意重量，毕竟不会有人天天背着主机、屏幕、键盘到处跑，所以重量就是子类所应有的属性，而父类不需要。这时候根据重量这个属性为子类定义新的属性与方法，代码如下：

```
class Computer:
    --skip-- # 该部分内容与所编写的相同，故不再重复展示


class Laptop(Computer):
    """模拟笔记本式计算机，继承 Computer 类"""

①       def __init__(self, brand, cpu, gpu, ram, system):
        """初始化父类的属性"""
        super().__init__(brand, cpu, gpu, ram, system)
②           self.weight = '2KG'

③       def set_weight(self, weight):
        """修改 weight 属性的值"""
            self.weight = weight

④       def get_weight(self):
        """调用 weight 的值"""
            print('笔记本的重量为: ' + self.weight)

DELL = Laptop('戴尔', 'i5', 'RTX 1050', '8GB', 'Windows 10')
DELL.show_computer()
DELL.set_weight('1.5KG')
DELL.get_weight()
```

上述代码对 Laptop 类定义了一个新的属性 weight，并定义了两个新方法用来修改和输出这个属性，其中代码行②定义了一个新的属性，并为其设置了默认值，这种定义方法一般适用于所要定义的新属性的值为一个固定值的情况。定义一个新的属性还有另一种方式，那就是在代码行①括号内继承的形参之后再声明一个用于接收新属性参数值的形参。然后将代码行②改为接收这个形参的值。用这种方式定义一个新的属性，需要在创建类对应实例时传递对应实参的值。

代码行③④为定义的新方法，用于对新属性 weight 进行操作。其中，代码行③定义的方法就是对这个新定义的属性进行修改，通过接收一个新的值，再把这个值赋给新定义的属性。而代码行④的功能就是打印这个新定义的属性的值，调用方式与调用继承的父类方法没有区别。运行结果如下所示：

```
这台计算机的配置如下所示:
CPU:i5
GPU:RTX 1050
RAM:8GB
system:Windows 10
笔记本的重量为: 1.5KG
```

通过上面的运行结果可以看到子类继承父类的所有的属性及方法，且其功能与调用方式并未发生任何的改变。

6.2.3   重写

多态是指一类事物有多种表现形式，类已经初步具有了这个特性，比如定义的 Computer 类可以根据需求创建多个不同形式的实例，已经初步具有了多态的性质，但是不够严谨。严格来讲，多态代表的是调用同一种方法能够有不同的表现形式，即可以根据实际需求，对同一函数添加或者删除参数，但函数名称不变，也可对参数数量不做任何改变。重写的机制为对象的多态特性提供了丰富的技术途径。

类的多态性有两个必须满足的条件：其一就是多态一定是发生在继承关系之间，其二就是子类对父类发生了重写。这一小节对方法的重写进行学习，完成面向对象编程的最后一块拼图。

对 Computer 与 Laptop 这两个定义的类进行修改，并进行方法重写的学习，为 Computer 定义一个新方法，然后让 Laptop 来继承 Computer 这个类的属性与方法，并将这个方法进行重写。具体代码如下：

```
    class Computer:
        """将计算机产品虚拟"""

①      def __init__(self, brand, cpu, gpu, ram, system, net_id, net_
password):
            """初始化属性"""
            self.brand = brand
            self.cpu = cpu
            self.gpu = gpu
            self.ram = ram
            self.system = system
            self.net_id = net_id
            self.net_password = net_password

        def show_computer(self):
            """模拟计算机的配置展示"""
            print('这台计算机的配置如下所示：')
            print('CPU:' + self.cpu)
            print('GPU:' + self.gpu)
            print('RAM:' + self.ram)
            print('system:' + self.system)

        def startup(self):
            """模拟计算机开机"""
            print('\n' + self.brand + '计算机开机中。')
            print('计算机已启动！')
```

```
        def shutdown(self):
            """模拟计算机关机"""
            print('\n' + self.brand + '已关机。')

②       def network(self):
            """模拟计算机连接宽带的过程"""
            print(self.brand + '计算机连接的宽带名称为: ' + self.net_id)
            print('宽带密码为: ' + str(self.net_password))



    class Laptop(Computer):
        """模拟笔记本式计算机, 继承 Computer 类"""

        def __init__(self, brand, cpu, gpu, ram, system, net_id, net_
    password):
            """初始化父类的属性"""
            super().__init__(brand, cpu, gpu, ram, system, net_id,
    net_password)

③       def network(self):
            """笔记本式计算机一般连接 WiFi 更多, 对此方法重写"""
            print(self.brand + '笔记本式计算机连接的 WiFi 名称为: ' +
    self. net_id)
            print('WiFi 密码为: ' + str(self.net_password))



    LX = Computer('联想', 'i7', 'RTX 2060', '16GB', 'Windows 8',
    'xn14444', '123456789')
    DELL = Laptop('戴尔', 'i5', 'RTX 1050', '8GB', 'Windows 10',
    'Python_net', '987654321')
    LX.network()
    DELL.network()
```

在原来代码基础之上为 Computer 类添加了两个新的属性, 同时在代码行①处也多声明了两个形参, 用以接收属性的值。同时代码行②定义了一个新方法 network(), 其模拟的是计算机连接网络这一行为。代码行③对代码行②处的方法进行了继承与重写。台式计算机大多采用有线的宽带连接, 而笔记本式计算机连接网络时使用 WiFi 的情况更多, 使用有线宽带连接的情况较少, 故对该方法进行了重写, 使得这个行为能够更加符合子类笔记本式计算机的基本特征。上述代码的运行结果如下:

```
联想计算机连接的宽带名称为: xn14444
宽带密码为: 123456789
戴尔笔记本式计算机连接的 WiFi 名称为: Python_net
```

```
WiFi 密码为: 987654321
```

可以发现子类对方法的重写进行后，该方法输出的内容是被重写之后的函数体，同时不影响使用父类创建的实例，以及使用父类原本所定义的方法。使用父类创建的实例调用原方法还是原来的功能，与子类重写后的功能不发生冲突。这是由于编译器在调用使用子类创建实例的方法时会先从子类里寻找该方法，找不到时就从其继承的方法里找。重写可以让子类的方法更符合其子类本身的特点，使得所写的程序灵活程度更高。

6.3　类 的 导 入

类的导入类似于函数的导入。类也可以单独放到一个文件内，或者称之为模块内。在另一个文件中编写程序主体，在文件的开头将需要调用的类通过 import 语句进行导入，这使得 Python 文件更加整洁，且更容易查找对应模块的错误和对模块内的代码进行功能修改。

创建名为 computer.py 的文件，内部存储 Computer 类的定义。示例代码如下：

```python
class Computer:
    """将计算机产品虚拟"""

    def __init__(self, brand, cpu, gpu, ram, system, net_id, net_password):
        """初始化属性"""
        self.brand = brand
        self.cpu = cpu
        self.gpu = gpu
        self.ram = ram
        self.system = system
        self.net_id = net_id
        self.net_password = net_password

    def show_computer(self):
        """模拟计算机的配置展示"""
        print('这台计算机的配置如下所示: ')
        print('CPU:' + self.cpu)
        print('GPU:' + self.gpu)
        print('RAM:' + self.ram)
        print('system:' + self.system)

    def startup(self):
        """模拟计算机开机"""
        print('\n' + self.brand + '计算机开机中。')
```

```
        print('计算机已启动！')

    def shutdown(self):
        """模拟计算机关机"""
        print('\n' + self.brand + '已关机。')

    def network(self):
        """模拟计算机连接宽带的过程"""
        print(self.brand + '计算机连接的宽带名称为：' + self.net_id)
        print('宽带密码为：' + str(self.net_password))
```

接下来创建 my_computer.py 文件，在其内导入 computer 模块中的 Computer 类，使用模块中定义的类创建实例，代码如下：

```
① from computer import Computer

  LX = Computer('联想', 'i7', 'RTX 2060', '16GB', 'Windows 8',
   'xn14444', '123456789')
  LX.show_computer()
  LX.network()
```

代码行①便是导入类的语句，格式为：

```
from 模块名 import 类名 1，类名 2，……
```

一个模块可以存储多个类。只要在同一模块下，就可以使用一条语句同时导入这个模块下的多个类，只要将每个类名之间用逗号来间隔即可，调用方式与在同一文件下时基本相同。

还可以使用"import 模块名"直接将整个模块全部导入，代码如下：

```
import computer

LX = computer.Computer('联想', 'i7', 'RTX 2060', '16GB',
'Windows 8', 'xn14444', '123456789')
LX.show_computer()
LX.network()
```

当然还有导入模块中所有类的语句，格式为：

```
from 模块名 import *
```

存在这种导入方式的原因是在同一个源文件中可以编写多个类。如果一个源文件中编写一个类，则不需要这种导入方式。在多人合作的编程项目中，建议单个类存在单个的源文件中，并在首部写明类注释。该过程可为后续的程序开发和维护提供便利。

6.4　类的编写规范

类的编写规范如下：

（1）创建类时应注释其所要抽象的现实问题或对象。

（2）类成员方法也尽量进行相关注释，每个方法之间空一行。

（3）类名称命名尽量做到见名知意。

（4）类的命名为首字母大写。

（5）多个类在同一文件中，类与类之间空两行。

（6）类与主体调用程序之间空两行。

（7）顶级函数和类之间有两行空行。

本 章 小 结

本章首先对两种编程思想进行简单介绍，即面向过程的编程与面向对象的编程，并着重对面向对象的编程进行了较多的讲解，包括其三大基本特性：封装、继承、多态。同时，简单描述类的概念，如何创建一个类，如何使用类，并对类的内部属性与方法进行示例化讲解。介绍继承与方法（函数）重写的操作，分别对应继承与多态的特性，继承使得类的创建变得更加简单直观，重写使得类方法能够更好地表现子类的特征。

熟练使用类可以使所编写的程序的拟真程度更高，换言之，所编写的程序能够更好地反映现实世界中的问题，从而使得所编写的程序能够更好更快地解决对应的现实问题或者模拟现实中的事物特征。

习 题

一、填空题

1. 面向对象方法中，继承是指_____。

2. 面向对象的三个基本特征_____、_____、_____。

3. 在类中一般使用_____方法初始化属性。

4. 定义的子类继承其父类的_____及_____。

5. 现有文件 animal.py，其中写入了类 Dog，那么在其他 py 文件中调用 Dog 类的语句为_____。

二、编程题

1. 创建一个名为 School 的类，创建实例并调用其中方法要求如下：

（1）该类有 3 个属性 grade、teacher 及 student。

（2）创建一个名为 introduction()的方法，打印类的属性信息。

（3）创建一个名为 examination()的方法，打印一条消息，表示开始考试。

2. 根据上题添加 student_number 属性，使其能够根据 student 属性自动判断学生数量，并打印这个属性值。

3. 创建一个名为 University 的类，使其继承上题中的类，添加一个名为 major 的属性，并创建一个该类的实例，打印 major 属性值并调用 examination()方法。

4. 根据上题，重写 introduction()方法，使其可以打印属性 major 及原有三个属性并调用。

第7章 文件和数据格式化

7.1 打 开 文 件

在 Python 中，想要打开一个文件，需要通过 open()函数。open()函数的使用方法如下：

```
open(name[,mode[,buffering]])
```

open()函数使用文件名作为唯一的强制参数，然后返回一个文件对象。模式（mode）和缓冲（buffering）是可选参数。在 Python 文件的操作中，mode 阐述参数的输入非常必要，而 buffering 使用则较少。举例如下：

在本主机上有一个文件名为 file.txt 的文件（可以在主机中新建一个文本文件），其存储路径为 F:\py，则可以通过下面的代码打开此文件：

```
f = open('F:/py/file.txt')
```

> **注意**
>
> Windows 系统路径和 Python 中系统路径的写法是不相同的。

如果在该文件路径下，文件不存在，则会出现错误提示，如图 7.1 所示。

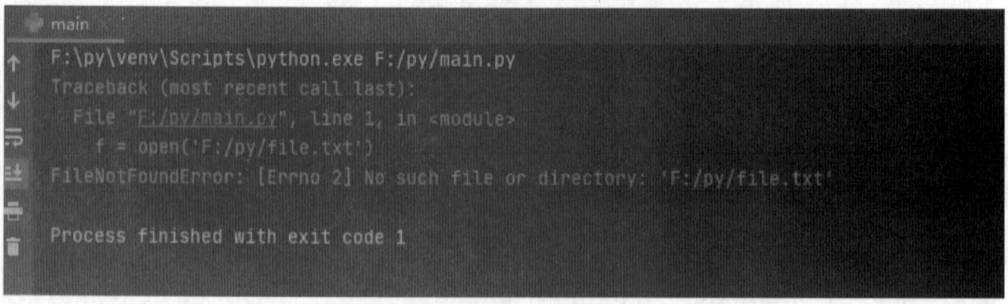

图 7.1　文件不存在的错误提示

若 Python 中的 open()函数只加入一个文件路径，那么就只能打开这个文件，不能进行其他操作。如果想要对文件进行其他操作，就必须要加入模式这个参数。open()函数的模式参数常用值如表 7.1 所示。

表 7.1 open()函数中模式参数的常用值

值	描述
'r'	读模式
'w'	写模式
'a'	追加模式
'b'	二进制模式（可添加到其他模式中使用）
'+'	读/写模式（可添加到其他模式中使用）

7.2 读 写 文 件

对于名为 f 的类文件对象，通过 f.write()和 f.read()两种方法，可以实现写文件和读文件。

```
f = open('F:/py/file.txt','w+')
#此处用 w 也可以，
f.write('hello world')
#打开所创建的文件名，可以看到文档中出现了 f.write()中所写的 hello world，如图 7.2
所示。
#如若文件没有建立，代码依旧可以运行成功。
```

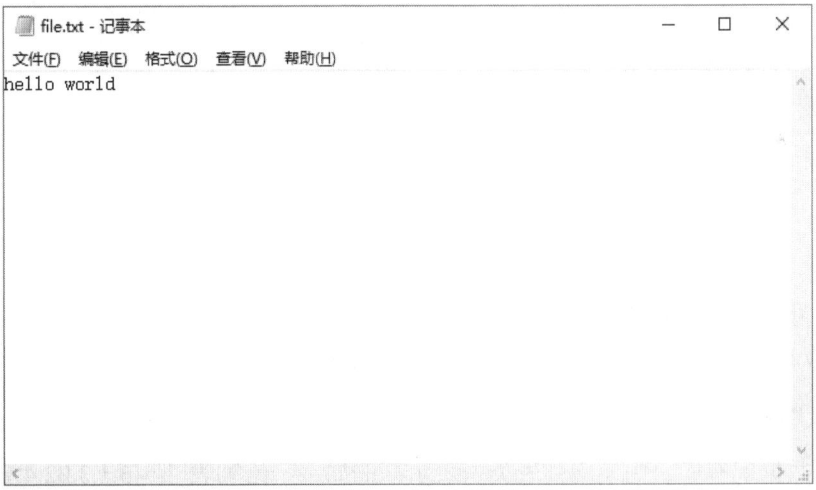

图 7.2 用 Python 写的文件

继续运行一次代码，可以发现，文档中的内容不会继续增加，此时可以修改模式参数为'a+'，修改完成后，便可继续往文档中增加代码所写的内容。

```
f = open('F:/py/file.txt','a+')
f.write('hello world')
```

Python 读取文件运用的是 read()方法。示例代码如下：

```
f = open('F:/py/file.txt','r')
```

```
#打开在该路径下命名为 file.text 的文件
content = f.read()
#使用 read() 方法打开文件
print(content)
#输出并打印结果
```

上述代码的结果为：

```
F:\py\venv\Scripts\python.exe F:/py/main.py
hello world

Process finished with exit code 0
```

7.3　关　闭　文　件

在完成文件读写工作后，要记得使用 close() 方法将打开的文件进行关闭，这样可以保证 Python 清理缓存（打开文件时，需要将文件写入内存，此处涉及操作系统的内容，这里不再赘述）和文件的安全性。下面为关闭文件的方法：

```
f = open('F:/py/file.txt','r')
content = f.read()
print(content)
f.close()
#在读取并打印文件后，关闭文件，清除所占用的内存
```

7.4　一　维　数　据

一维数据由对等关系的有序或无序数据构成，采用线性方式组织。一维数据对应了传统 Python 程序中的列表、数组和集合类型的概念。

1. 一维数据的表示

如果数据间有序，则使用列表类型表示，例如，一维列表 ls=[3.1,3.02,4.15]。
如果数据间无序，则使用集合类型表示，例如，一维集合 st={4.15,3.02,3.1}。

2. 一维数据的存储

一维数据存储在内存或者文件中有很多种方式，其中最简单的方式是数据之间采用空格进行分隔，即使用一个或多个空格分隔数据并且进行存储。只用空格分隔，不换行，这是一种最简单的一维数据存储方式。同理，可以将空格替换为任意一个字符或多个字符作为分隔符。

3. 一维数据的处理

1）读取

首先创建一个 txt 文档，命名为 information，在记事本中输入 3.1$3.02$4.15，如图 7.3 所示。

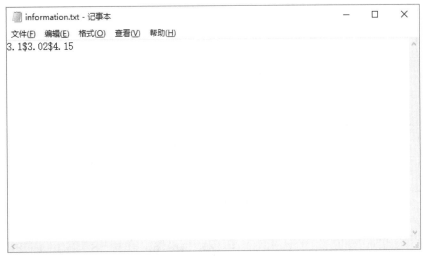

图 7.3　information 文件

读取一维数据的代码如下：

```
fi = open("E:\pydm\information.txt")
txt = fi.read()
ls = txt.split("$")
print(ls)
fi.close()
```

代码运行结果如图 7.4 所示。

```
E:\pydm\venv\Scripts\python.exe E:/pydm/zuoye.py
['3.1', '3.02', '4.15']

Process finished with exit code 0
```

图 7.4　读取文件结果

2）写入

将以@为分隔符的数据写入文件，写入代码如下：

```
ls = ['小明','小红','小张']
fi = open("E:\pydm\information.txt","w")
txt = "@".join(ls)
fi.write(txt)
fi.close()
```

写入文件的结果如图 7.5 所示。

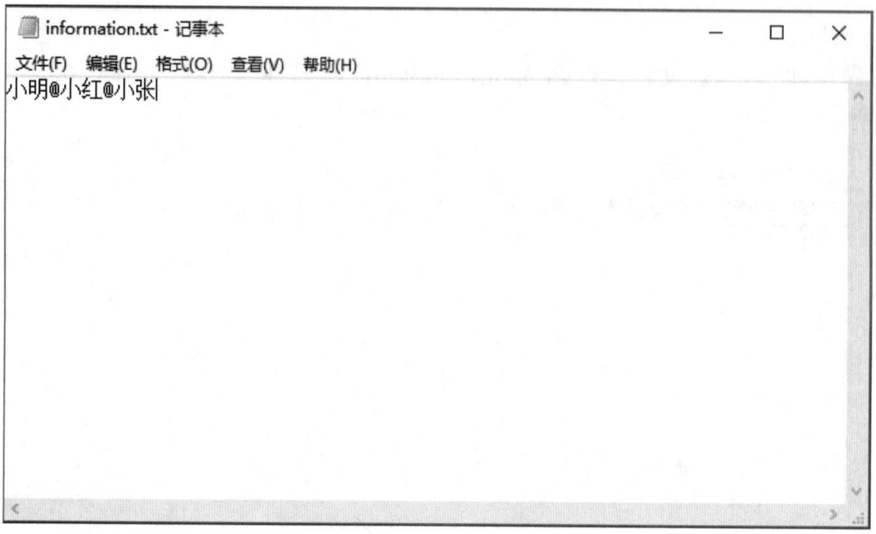

图 7.5　写入文件结果

7.5　二　维　数　据

二维数据由多个一维数据构成，是一维数据的组合形式。二维数据也称为表格数据。

1. 二维数据表示

二维数据一般是一种表格形式，由于它的每一行具有相同的格式特点，一般采用二维列表数据类型表达二维数据，如图 7.6 所示。

图 7.6　二维数据

2. 二维数据的存储

二维数据的存储遵循先行后列、按行存储的原则。

7.6　用 CSV 对一维数据、二维数据进行读写

1. 对一维数据的读写

创建一个 CSV 格式文件，输入一些数据，如姓名和年龄，代码如下：

```python
import csv

fi = open("E:\pydm\information.csv","r")
csv_file = csv.reader(fi)
for i in csv_file:
        print(i)
```

输出结果如图 7.7 所示。

图 7.7　输出结果

向 CSV 格式文件写入两条数据，代码如下：

```python
import csv

stu1 = ['xiaozhang',26]
stu2 = ['xiaotang',27]
fi = open("E:\pydm\information.csv","a",newline='')
csv_file = csv.writer(fi,dialect='excel')
csv_file.writerow(stu1)
csv_file.writerow(stu2)
```

写入结果如图 7.8 所示。

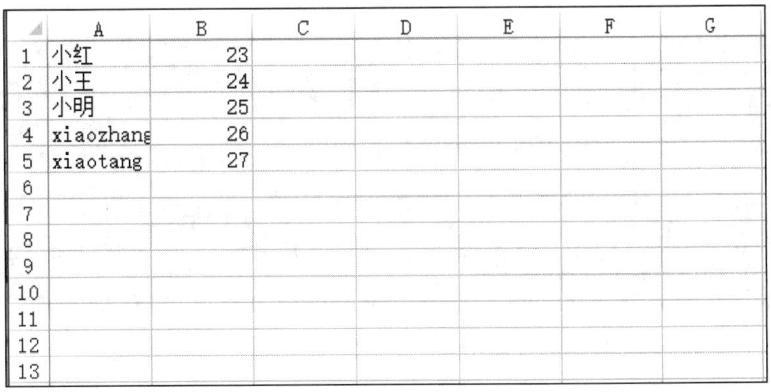

图 7.8　写入结果

2. 对二维数据的读写

对二维数据的写入代码如下：

```
ls = [['万事','大吉'],['万事','大吉'],['万事','大吉']]

f = open('E:\pydm\information.csv','w')
for item in ls:
        f.write(','.join(item) + '\n')
f.close()
```

写入结果如图 7.9 所示。

	A	B	C	D	E	F	G
1	万事	大吉					
2	万事	大吉					
3	万事	大吉					
4							
5							
6							
7							
8							
9							
10							
11							

图 7.9　写入结果

对二维数据的读取代码如下：

```
fi = open('E:\pydm\information.csv')
ls = []
for i in fi:
        i = i.replace("\n","")
        ls.append(i.split(","))
print(ls)
fi.close
```

读取结果如图 7.10 所示。

```
E:\pydm\venv\Scripts\python.exe E:/pydm/zuoye.py
[['万事', '大吉'], ['万事', '大吉'], ['万事', '大吉']]

Process finished with exit code 0
```

图 7.10　读取结果

本　章　小　结

本章主要介绍如何使用 Python 对文本进行基本操作。文本的读写操作和一维数据、二维数据的处理是二级 Python 考试的考点。在实际开发应用中，文本的操作主要是用来读取原始数据和保存结果，是后续开发的基础操作。在自然语言处理等任务中，文本的操作应用更为广泛。

习　　题

一、选择题

1. 下列选项中属于文件的读入操作的是（　　）。
   A. file = open('cs.txt', 'r')　　　　　　B. file = open('cs.txt', 'w')
   C. file = open('cs.txt', 'b')　　　　　　D. file = open('cs.txt', 'w+')

2. 下列选项中通过追加模式打开文件做写入操作的是（　　）。
   A. file = open('cs.txt', 'w+')　　　　　B. file = open('cs.txt', 'w')
   C. file = open('cs.txt', 'r')　　　　　　D. file = open('cs.txt', 'a')

3. 在下列选项中，将列表 ls 中的数据使用分隔符@进行分隔并写入文件 information.txt，正确的是（　　）。

   A.
   ```
   ls = ['some','any','more']
   file = open('information.txt','w')
   ls_new = '@'.join(ls)
   file.write(ls_new)
   file.close()
   ```
   B.
   ```
   ls = ['some','any','more']
   file = open('information.txt','w')
   ls_new = ls.split('@')
   file.write(ls_new)
   file.close()
   ```
   C.
   ```
   ls = ['some','any','more']
   file = open('information.txt','r')
   ls_new = ls.split('@')
   file.write(ls_new)
   file.close()
   ```

D.

```
ls = ['some','any','more']
file = open('information.txt','r')
ls_new = ls.split('@')
file.write(ls_new)
file.close( )
```

二、编程题

1. 编写如下要求的程序：

定义一个数组，数组内容为"机器学习、深度学习、自然语言处理"，并将数组内容用符号"$"进行分隔，并将结果保存到文件 information.txt 中。

2. 编写如下要求的程序：

定义两个数组，数组一的内容为"机器学习、machine learning"，数组二的内容为"深度学习、deep learning"。将两个数组的内容写入文件 information.csv 中。

第8章 NumPy 数组及其运算

8.1 NumPy 简介

NumPy（numerical Python）是 Python 语言中用于处理数组的库，由一个多维数组对象组成。其目的是处理传统的数据类型难以处理的数组对象，例如，可以用来储存和处理大规模的矩阵，并且比 Python 自身数据结构效率还要好。NumPy 中还包含很多实用的数学函数与功能，如线性代数运算、傅里叶变换、随机数生成等。NumPy 提供的强大功能可以对结构化数据进行读取、重塑、聚合、切片和切块等操作。NumPy 通常是与 SciPy、Matplotlib 库一同使用的，这样的组合应用非常广泛，可以在大多数情况下替代 MATLAB 的功能。

NumPy 的运算能力十分强大，能够高效地实现多维数组的运算。NumPy 为 Python 解决了难以对数据进行高效分析、高效处理的难题。常用的 scikit-learn、SciPy、pandas 和 tensorflow 等库均采用 NumPy 作为工具进行开发。NumPy 除了能对数值数据进行切片和切块之外，还为处理和调试上述库中的各类应用带来了非常大的便利。NumPy 中常用的数学函数均支持向量化操作，因此，数学函数便可直接对数组进行处理。NumPy 的这些特点为 Python 成为深度学习主流语言奠定了基础。

NumPy 图标如图 8.1 所示。

图 8.1 NumPy 图标

8.2   NumPy 的基础操作

8.2.1   安装

在终端（terminal）中输入以下代码进行安装：

```
pip install numpy
```

安装 NumPy 后，通过在源文件使用 import 关键字将 NumPy 包导入，代码如下：

```
import numpy
```

创建一个数组，生成数组的方法是 np.array()：

```
import numpy

arr = numpy.array([1,2,3,4,5])
print(arr)
```

得出结果：

```
[1 2 3 4 5]
```

8.2.2   维度、轴、秩

对于维度，官网中写到："In NumPy dimensions are called axes"，即维度称为轴。简单来讲，在平面坐标系中，通常使用 x 轴、y 轴确定一个点的具体位置，因此，x 轴、y 轴所指向的两个维度就与两个轴对应了起来。在立体的三维世界中，则多了一个 z 轴。所以，可以把维度和轴进行等价。

什么是秩（rank）？它是指轴的数量，或者维度的数量，是一个标量。例如，数组 [1,2,1]，它的维度是 1，也就是有一个轴，这个轴的长度是 3，而它的秩也为 1。注意，此处的维度与向量的维度不是一个概念，向量中的维度是每一行中元素的个数。简单来记，一维数组的维度为 1，二维数组的维度为 2。

1. 一维数组

一维数组中每个数据元素仅有一个下标，且排序结构单一。

```
import numpy as np

arr = np.array([1,2,3])
print(arr)
```

得出结果：

```
[1 2 3]
```

2. 二维数组

二维数组中的元素由一维数组组成。

```
import numpy as np

arr = np.array([1,2,3],[4,5,6])
print(arr)
```

得出结果：

```
[[1 2 3]
 [4 5 6]]
```

3. 三维数组

三维数组中的元素由二维数组组成。

```
import numpy as np

arr = np.array([[[1,2,3],[4,5,6]],[[7,8,9],[10,11,12]]])
print(arr)
```

得出结果：

```
[[[ 1  2  3]
  [ 4  5  6]]
 [[ 7  8  9]
  [10 11 12]]]
```

使用这些维的时候怎么去查看具体维度呢？NumPy 数组使用 ndim 方法，返回一个整数表示数组的维数。示例代码如下：

```
import numpy as np

a = np.array(1)
b = np.array([1,2,3])
c = np.array([[1,2,3],[4,5,6]])
d = np.array([[[1,2,3],[4,5,6]],[[1,2,3],[4,5,6]]])
print(a.ndim)
print(b.ndim)
print(c.ndim)
print(d.ndim)
```

得出结果：

```
0
1
2
3
```

8.2.3　简单创建

在使用 NumPy 时需要遵守一些约定：NumPy 在使用的时候用别名来代表，通常是在导入时使用 np 作为 NumPy 的别名。

```
import numpy as np
```

NumPy 数组元素的类型称为 ndarray，查看数据类型代码如下：

```
import numpy as np

arr = np.array([1,2,3,4,5])
print(arr)
print(type(arr))
```

得出结果：

```
[1 2 3 4 5]
<class 'numpy.ndarray'>
```

对 NumPy 的版本进行查看：

```
import numpy as np

print(np.__version__)
```

得出结果：

```
显示为本机所安装 numpy 的版本
```

有一些函数可以直接生成一些简易的数组，此处介绍几个生成零数组和空数组的方法。

创建 0 数组 np.zeros() 的代码如下：

```
import numpy as np

print(np.zeros((2,3),dtype=int))
```

得出结果：

```
[[0 0 0]
 [0 0 0]]
```

创建空数组 np.empty() 的代码如下：

```
import numpy as np

x=np.empty((4,5),dtype=list)
print(x)
```

得出结果：

```
[[None None None None None]
 [None None None None None]
 [None None None None None]
 [None None None None None]]
```

range 函数的数组版本 range()代码如下：

```
import numpy as np

a = np.arange(30).reshape(5,6)
print(a)
```

得出结果：

```
[[0  1  2  3  4  5 ]
 [6  7  8  9 10 11 ]
 [12 13 14 15 16 17 ]
 [18 19 20 21 22 23 ]
 [24 25 26 27 28 29 ]]
```

8.2.4　创建副本

创建副本，代码如下：

```
import numpy as np

arr = np.array([1,2,3,4,5])
x = arr.copy()
arr[0] = 6
print(arr)
print(x)
```

得出结果：

```
[6 2 3 4 5]
[1 2 3 4 5]
```

上个例子对原式进行改变，但对副本无影响，这里再对副本进行改动。

```
import numpy as np

arr = np.array([1,2,3,4,5])
x = arr.copy()
x[0] = 6
print(arr)
print(x)
```

得出结果:

```
[1 2 3 4 5]
[6 2 3 4 5]
```

> **注意**
>
> 　从上述例子可以看出来,对原本数组的改变并不会对副本数据造成修改或影响,对于副本的改变也不会改变原数组。

8.2.5　创建视图

视图和副本不一样,视图并不含有自己的数据,对于原始数据的修改也会影响到视图,而对视图的修改也会影响到数组。

创建一个数组然后修改其原始数组,观察两个数组的变化,例子如下:

```
import numpy as np


arr = np.array([1,2,3,4,5])
x = arr.view()
arr[0] = 61
print(arr)
print(x)
```

得出结果:

```
[61 2 3 4 5]
[61 2 3 4 5]
```

创建一个数组然后修改其视图,观察两个数组的变化,例子如下:

```
import numpy as np


arr = np.array([1,2,3,4,5])
x = arr.view()
x[0] = 6
print(arr)
print(x)
```

得出结果:

```
[6 2 3 4 5]
[6 2 3 4 5]
```

8.2.6　数据检测

副本中存在数据,但是视图不存在自己的数据。那么怎么检测是否有数据呢?

NumPy 数组自带一个 base 属性，可以检测是否拥有数据。如果拥有数据，则会返回一个 None（也有翻译为：拥有内存的数组基数为 None），如果检测的数组不含有数据则返回其所引用的对象。

```
import numpy as np

arr = np.array([1,2,3,4,5])
x = arr.copy()
y = arr.view()
print(x.base)
print(y.base)
```

得出结果：

```
None
[1 2 3 4 5]
```

8.2.7　常见运算

下面分别介绍数组的加减乘除运算。需要注意的是，np.array 的乘法是张量乘法，需要满足乘法的第一个数组的列数等于第二个数组的行数。假设一个 n*m 的矩阵和一个 m*k 的矩阵相乘，那么最后得出的结果是一个 n*k 的矩阵，即一个 n 行 k 列的矩阵。但是，如果第一个矩阵的行数不等于第二个矩阵的列数，那么当两个矩阵相乘时就会报错。

矩阵的运算，示例代码如下：

```
import numpy as np

a = np.array([[1,2],[5,6]])
b = np.array([[3,4],[7,8]])
print(a + b)
print(a - b)
print(a / b)
print(a * b)
```

得出结果：

```
[[ 4  6]
 [12 14]]
[[-2 -2]
 [-2 -2]]
[[0.33333333 0.5]
 [0.71428571 0.75]]
[[ 3  8]
 [35 48]]
```

同类型数组之间也可以进行大小比较继而生成一个布尔型数组，示例代码如下：

```
import numpy as np

arr1=np.array([[1,2,3],[4,5,6]])
arr2=np.array([[1,9,1],[5,6,4]])
print(arr2>arr1)
```

得出结果：

```
[[False  True  False]
 [ True  True  False]]
```

8.2.8　索引

用索引从数组中获取第一个元素：

```
import numpy as np

arr = np.array([1,2,3,4])
print(arr[0])
```

得出结果：

```
1
```

让数组中第三个和第四个元素相加：

```
import numpy as np

arr = np.array([1,2,3,4])
print(arr[2] + arr[3])
```

得出结果：

```
7
```

不难看出，一维数组索引的使用方法和列表元组十分相似。但是，要如何去调用二维数组的索引呢？对于访问二维数组的元素，可以用逗号分隔的整数表示元素的位数和索引。

访问二维数组的第三个元素，示例代码如下：

```
import numpy as np

arr = np.array([[1,2,3,4,5],[6,7,8,9,10]])
print( arr[1,2])
```

得出结果：

```
8
```

访问一维数组的倒数第二个元素，示例代码如下：

```
import numpy as np

arr = np.array([[1,2,3,4,5],[6,7,8,9,10]])
print( arr[0,-2])
```

得出结果：

```
4
```

同理可知，对于三维数组，也可以用同样的方法进行调用。首先从三维数组中访问二维数组，再从二维数组中访问一维数组，最后选取一维数组中的元素，示例代码如下：

```
import numpy as np

arr = np.array([[[1,2,3],[4,5,6]],[[7,8,9],[10,11,12]]])
print(arr[0,1,2])
```

得出结果：

```
6
```

在上述例子中，所访问的元素为[0,1,2]，因为索引是从 0 开始，所以第一个数字为 0，代表访问三维数组中的第一个二维数组，选择第一个二维数组中的[[1,2,3],[4,5,6]]。其次，第二个数字为 1，代表访问二维数组中第二个一维数组，即[4,5,6]。最后，第三个数字为 2，代表数组的第三个元素，所以，最终的结果为 6。

注意

需要牢记，索引是将 0 作为开始位置。

8.2.9　切片

一维数组的切片，示例代码如下：

```
import numpy as np

arr = np.array([1,2,3,4,5])
print(arr[0:3:2])
```

得出结果：

```
[1 3]
```

注意

常见的切片格式为：[索引起始: 索引结束]，或者，[索引起始: 索引结束: 索引之间的步长]。上面的例子中，数组 arr 里面有 1、2、3、4、5 五个元素，开始索引为 0，即第一个元素 1，结束的索引为 3，即第四个元素 4，索引之间的步长是 2。所以，本切片的结果是打印 1 到 4 之间的数。先打印 1，之后选打印步长为 2 后的数值 3。此时，再选择步长为 2 后的 5 时，此数值 5 已越界，不再打印。

```
import numpy as np

arr = np.array([1,2,3,4,5])
print(arr[-3:-1:1])
```

得出结果：

```
[3 4]
```

注意

对于 NumPy 数组的切片操作也是左闭右开。所以，上面的例子是不能取到元素 5 的。如果不写索引的步长，那么就默认步长为 1，默认从数组的第一个元素开始。如果不写终止索引，那么默认到最后一个元素。如果起始索引和终止索引均不写，那么默认遍历整个数组。

二维数组的切片，从第 1 个一维数组开始，对从索引 2 到索引 5 的元素进行切片，代码如下：

```
import numpy as np

arr = np.array([[1,2,3,4,5],[6,7,8,9,10]])
print(arr[0, 2:5])
```

得出结果：

```
[3 4 5 ]
```

注意

要记住第一个元素的索引是 0，则代表第 1 个一维数组。

取出两个数组的第三个元素，示例代码如下：

```
import numpy as np

arr = np.array([[1,2,3,4,5],[6,7,8,9,10]])
print(arr[0:2,2])
```

得出结果：

```
[3 8 ]
```

注意

对于这个例子，仍然要用之前的思维去查看，逗号前的"0:2"表示第 1 个一维数组到第 2 个一维数组。逗号后的"2"代表的是第三个元素。要先找到前两个一维数组，再依次取出两个数组中的第三个元素，即 3 和 8 两个元素。

8.3　NumPy 的数据类型

NumPy 也有着各种各样的类型，并且通过一个字符对数据类型进行引用。NumPy
中数据类型列表和表示符号如表 8.1 所示。

表 8.1　NumPy 数据类型表

NumPy 的数据类型	符号
整数	i
布尔	b
无符号整数	u
浮点	f
复合浮点数	C
timedelta	m
datetime	M
对象	O
字符串	S
unicode 字符串	U

在 Python 中，可以通过 type()方法对数据类型进行查看。在 NumPy 库中数组对象
有一个名为 dtype 的属性，这个属性可以返回数组的数据类型，也可以对数据的类型进
行转换。

```python
import numpy as np

arr = np.array([1,2,3,4])
print(arr.dtype)
arr = np.array([1,2,3,4], dtype='S')
print(arr.dtype)
```

得出结果：

```
int32
|S1
```

 注意

在强制转换过程中要符合强制转换条件，不然会引发值的错误 ValueError。

强制转换的例子代码如下：

```python
import numpy as np

arr = np.array([1.1,2.1,3.1])
print(arr.dtype)
newarr = arr.astype(int)
```

```
print(newarr)
print(newarr.dtype)
newarr = arr.astype(bool)
print(newarr)
print(newarr.dtype)
```

得出结果：

```
float64
[1 2 3]
int32
[ True  True  True]
Bool
```

8.4 NumPy 数组的查看、重塑、迭代、连接与分隔

8.4.1 查看

通过 NumPy 自带的 shape 属性，可以查看数组的大小。

```
import numpy as np

arr = np.array([[1,2,3,4],[5,6,7,8]])
print(arr.shape)
```

得出结果：

```
(2, 4)
```

 注意

返回的数组（2,4），代表数组有两个维度，每一个维度有四个元素。

8.4.2 重塑

数组的重塑是对数组的形状进行修改，数组的形状是每个维中元素的数量。通过重塑，可以添加或删除维度或更改每个维度中的元素数量，例如，可以将一维的数组变成二维的数组。

```
import numpy as np

arr = np.array([1,2,3,4,5,6,7,8,9])
newarr = arr.reshape(3, 3)
print(newarr)
```

得出结果：

```
[[1 2 3]
 [4 5 6]
 [7 8 9]]
```

注意

在对数组的重塑时需要注意元素个数和最后重塑的大小要相对应，否则会出现错误。例如，在这个例子里面数组 arr 包含了 9 个元素，所以便会生成一个 3 行 3 列的矩阵，但是如果想生成一个 2 行 4 列的矩阵，会因为元素个数不符合，所以不能进行修改。

8.4.3 迭代

迭代的概念比较容易理解。迭代就是重复返回过程的一个活动，对于一个过程的重复称为一个"迭代"，每一次迭代得出的输出值会成为下一次迭代的输入值。

```
import numpy as np

arr = np.array([[1,2,3],[4,5,6]])
for x in arr:
  print(x)
```

得出结果：

```
[1 2 3]
[4 5 6]
```

上述迭代了一个二维数组的元素，有的时候需要获取其中的值，那么就需要迭代出数组中每个标量元素。

```
import numpy as np

arr = np.array([[1,2,3],[4,5,6]])
for x in arr:
    for y in x:
        print(y)
```

得出结果：

```
1
2
3
4
5
6
```

NumPy 的辅助函数 nditer()可以进行迭代，它可以解决在迭代中面临的许多问题。

```
import numpy as np

arr = np.array([[[1,2],[3,4]]])
for x in np.nditer(arr):
  print(x)
```

得出结果：

```
1
2
3
4
```

8.4.4　连接与分隔

对于两个单独的数组，可以用 NumPy 的 concatenate()函数进行连接。连接两个数组时，axis 代表的是轴，不写 axis 的时候，默认其值为 0 。例子代码如下：

```
import numpy as np

arr1 = np.array([1,2,3])
arr2 = np.array([4,5,6])
arr = np.concatenate((arr1,arr2))
print(arr)
```

得出结果：

```
[1 2 3 4 5 6]
```

对于数组的连接还有行堆叠、列堆叠、深度堆叠等。

行堆叠，代码如下：

```
import numpy as np

arr1 = np.array([1,2,3])
arr2 = np.array([4,5,6])
arr = np.hstack((arr1,arr2))
print(arr)
```

得出结果：

```
[1 2 3 4 5 6]
```

列堆叠，代码如下：

```
import numpy as np

arr1 = np.array([1,2,3])
arr2 = np.array([4,5,6])
```

```
arr = np.vstack((arr1,arr2))
print(arr)
```

得出结果：

```
[[1 2 3]
 [4 5 6]]
```

深度堆叠，代码如下：

```
import numpy as np

arr1 = np.array([1,2,3,4])
arr2 = np.array([5,6,7,8])
arr = np.dstack((arr1, arr2))
print(arr)
```

得出结果：

```
[[[1 5]
  [2 6]
  [3 7]
  [4 8]]]
```

数组分隔，代码如下：

```
import numpy as np

arr = np.array([1,2,3,4,5,6])
newarr = np.array_split(arr,3)
print(newarr)
```

得出结果：

```
[array([1,2]), array([3,4]), array([5,6])]
```

8.5　NumPy 数组搜索与排序

8.5.1　数组搜索

对数组的元素进行检索，可以通过 where()方法进行查询，然后返回所查找值的索引：

```
import numpy as np

arr = np.array([1,2,3,4,5,6,7])
x = np.where(arr == 3)
print(x)
```

得出结果：

```
(array([2], dtype=int64),)
```

> 索引第一位是 0 而不是 1。

也可以根据给定的条件进行查找，例如查找值是奇数的索引，代码如下：

```python
import numpy as np

arr = np.array([1,2,3,4,5,6,7])
x = np.where(arr%2 == 1)
print(x)
```

得出结果：

```
(array([0,2,4,6], dtype=int64),)
```

8.5.2　数组排序

数组排序是指将元素按照一定的顺序进行排列，可以对数字、字母等进行升序和降序，一般用 sort()函数处理。示例代码如下：

```python
import numpy as np

arr = np.array([3,5,4,1,2])
print(np.sort(arr))
```

得出结果：

```
[1 2 3 4 5]
```

sort()方法还可以对布尔型的类型进行排序，示例代码如下：

```python
import numpy as np

arr = np.array([True, False, True])
print(np.sort(arr))
```

得出结果：

```
[False  True   True]
```

> 为什么 False 在前面 True 在后面呢？因为 False 代表的是 0，而 True 代表的是 1。

也可以对二维数组进行排序，示例代码如下：

```
import numpy as np

arr = np.array([[1,2,1], [3,8,0]])
print(np.sort(arr))
```

得出结果：

```
[[1 1 2]
 [0 3 8]]
```

8.6　NumPy 随机数与过滤

8.6.1　随机数

在日常生活中经常见到随机数，比如，登录某一个网站需要输入验证码时，或者在生成密钥时，都会使用到随机数。在 NumPy 中，也经常需要生成随机数，那么随机数具体怎么生成呢？例如，生成一个 0～100 的随机整数，代码如下：

```
from numpy import random

x = random.randint(100)
print(x)
```

得出结果为 0～99 的随机数。

生成一个随机的浮点数，代码如下：

```
from numpy import random

x = random.rand()
print(x)
```

得出结果为 0～1 的浮点型的数。

在生成随机数的时候也可以规定格式、生成数组等，代码如下：

```
from numpy import random

x = random.randint(100, size=(3,5))
print(x)
```

得出结果为一个 3 行 5 列的数组。

可以在数组中生成随机数，代码如下：

```
from numpy import random

x = random.choice([3,5,7,9])
print(x)
```

得出结果为 3,5,7,9 中的一个随机数。

8.6.2　过滤

数组过滤是指从数组中提取出一些元素，并且把抽出的元素再次组建成一个新数组的过程。在 NumPy 中，一般使用布尔索引对数组进行过滤。如果索引处的值是 True，那么该元素不被过滤。如果索引处的值是 False，则被过滤。

示例代码如下：

```
import numpy as np


arr = np.array([1,2,3,4,5])
x = [True, False, True, False, True]
newarr = arr[x]
print(newarr)
```

得出结果：

```
[1 3 5]
```

可以增加过滤条件，比如，只过滤数组中的偶数，示例代码如下：

```
import numpy as np

arr = np.array([1,2,3,4,5,6,7,8,9,10])
even_arr = arr % 2 == 0
newarr = arr[even_arr]
print(even_arr)
print(newarr)
```

得出结果：

```
[ False  True False  True False  True False  True False  True ]
[ 2  4  6  8  10 ]
```

8.7　NumPy 数组的广播与基础函数

NumPy 提供了各种数学运算函数，包括三角函数、算数运算的函数和复数处理的函数等，大大方便了对数据的处理。

8.7.1　广播

在 Python 进行运算时，可能出现不同形状的矩阵进行计算的情况。比如，两个数组相乘，如果是在同样形状的情况下可以正常地得出结果，而在运算不同形状的数组时往往会产生错误。NumPy 在处理这种情况时运用了广播的思维，可以将较小的阵列广播到较大的阵列，这样就让彼此的形状互相兼容。

广播机制的例子代码如下：

```
import numpy as np

a = np.array([[0,0,0],
              [10,10,10],
              [20,20,20],
              [30,30,30]])
print("\n 数组 a 为: ")
print(a)
b = np.array([1,2,3])
print("\n 数组 b 为: ")
print(b)
print("\n 数组 a+b 为: ")
print(a + b)
```

得出结果：

```
数组 a 为:
[[ 0  0  0]
 [10 10 10]
 [20 20 20]
 [30 30 30]]

数组 b 为:
[1 2 3]

数组 a+b 为:
[[ 1  2  3]
 [11 12 13]
 [21 22 23]
 [31 32 33]]
```

注意

　　4 行 3 列的二维数组 a 与长为 3 的一维数组 b 相加，等价于把数组 b 在二维上重复 4 次，再进行运算。

注意

　　广播规则：如果两个数组的维度不同，那么小维度数组的形状将会在最左边补 1。如果两个数组的形状在任何一个维度都不匹配，那么数组的形状会沿着数值为 1 的维度扩展以匹配另外一个数组的形状。如果两个数组的形状在任何一个维度上都不匹配并且没有任何一个维度等于 1，那么会引发异常。

8.7.2　三角函数

NumPy 库提供了标准的三角函数：sin()、cos()、tan()。

求各个角度的正弦、余弦、正切的值，示例代码如下：

```
import numpy as np

a = np.array([0, 30, 45, 60, 90])
print('不同角度的正弦值: ')
print(np.sin(a * np.pi / 180))
print('数组中角度的余弦值: ')
print(np.cos(a * np.pi / 180))
print('数组中角度的正切值: ')
print(np.tan(a * np.pi / 180))
```

得出结果：

```
不同角度的正弦值:
  [0.  0.5  0.70710678 0.8660254  1.0]
数组中角度的余弦值:
  [1.00000000e+00 8.66025404e-01 7.07106781e-01 5.00000000e-01
  6.12323400e-17]
数组中角度的正切值:
  [0.00000000e+00    5.77350269e-01  1.00000000e+00 1.73205081e+00
  1.63312394e+16]
```

8.7.3　算数函数

NumPy 库的算数函数包括简单的四则运算，即加减乘除，分别通过 add()、subtract()、multiply() 和 divide()实现。但是需要注意的是，数组在运算的时候要有相同的形状或者是符合数组的广播规则。

数组四则运算，示例代码如下：

```
import numpy as np

a = np.arange(9).reshape(3,3)
print('第一个数组: ')
print(a)
print('\n')
print('第二个数组: ')
b = np.array([10,10,10])
print(b)
print('\n')
print('两个数组相加: ')
print(np.add(a,b))
print('\n')
```

```
    print('两个数组相减：')
    print(np.subtract(a,b))
    print('\n')
    print('两个数组相乘：')
    print(np.multiply(a,b))
    print('\n')
    print('两个数组相除：')
    print(np.divide(a,b))
```

得出结果：

```
    第一个数组：
    [[0. 1. 2.]
     [3. 4. 5.]
     [6. 7. 8.]]

    第二个数组：
    [10 10 10]

    两个数组相加：
    [[10. 11. 12.]
     [13. 14. 15.]
     [16. 17. 18.]]

    两个数组相减：
    [[-10. -9. -8.]
     [ -7. -6. -5.]
     [ -4. -3. -2.]]

    两个数组相乘：
    [[ 0. 10. 20.]
     [30. 40. 50.]
     [60. 70. 80.]]

    两个数组相除：
    [[0. 0.1 0.2]
     [0.3 0.4 0.5]
     [0.6 0.7 0.8]]
```

8.7.4　统计函数

NumPy 可以对大规模的数据进行处理，所以也提供了很多用于统计的函数，例如，从数组中查找最大值和最小值，以及百分位标准差和方差等。

数组的最大、最小值函数，示例代码如下：

```
import numpy as np

a = np.array([[1,2,3], [4,5,6], [7,8,9]])
print('我们的数组是：')
print(a)
print('\n')
print('调用 amin() 函数：')
print(np.amin(a, 1))
print('\n')
print('再次调用 amin() 函数：')
print(np.amin(a, 0))
print('\n')
print('调用 amax() 函数：')
print(np.amax(a))
print('\n')
print('再次调用 amax() 函数：')
print(np.amax(a, axis=0))
```

得出结果：

```
我们的数组是：
[[1 2 3]
 [4 5 6]
 [7 8 9]]

调用 amin() 函数：
[1 4 7]

再次调用 amin() 函数：
[1 2 3]

调用 amax() 函数：
9

再次调用 amax() 函数：
[7 8 9]
```

注意

NumPy.amin() 用于计算数组中的元素沿指定轴的最小值，NumPy.amax() 用于计算数组中的元素沿指定轴的最大值。

数组的平均值函数，示例代码如下：

```
import numpy as np

a = np.array([[1,2,3],[4,5,6],[7,8,9]])
print('我们的数组是：')
print(a)
print('\n')
print('调用 mean() 函数：')
print(np.mean(a))
print('\n')
print('沿轴 0 调用 mean() 函数：')
print(np.mean(a, axis=0))
print('\n')
print('沿轴 1 调用 mean() 函数：')
print(np.mean(a, axis=1))
```

得出结果：

```
我们的数组是：
[[1 2 3]
 [4 5 6]
 [7 8 9]]

调用 mean() 函数：
5.0

沿轴 0 调用 mean() 函数：
[4. 5. 6.]

沿轴 1 调用 mean() 函数：
[2. 5. 8.]
```

标准差是一组数据平均值分散程度的度量，即方差的算数平方根。标准差的例子如下：

```
import numpy as np

print (np.std([1,2,3,4,5]))
```

得出结果：

```
1.4142135623730951
```

方差是每个样本值与全体样本值的平均数之差的平方值的平均数，方差的例子如下：

```
import numpy as np

print(np.var([1,2,3,4,5]))
```

得出结果:

```
2.0
```

中值是其数值大小处于中间位置的数字,中值的例子如下:

```
import numpy as np

a = np.array([[30,65,70],[80,95,10],[50,90,60]])
print('我们的数组是: ')
print(a)
print('\n')
print('调用 median() 函数: ')
print(np.median(a))
print('\n')
print('沿轴 0 调用 median() 函数: ')
print(np.median(a, axis=0))
print('\n')
print('沿轴 1 调用 median() 函数: ')
print(np.median(a, axis=1))
```

得出结果:

```
我们的数组是:
[[30 65 70]
 [80 95 10]
 [50 90 60]]


调用 median() 函数:
65.0


沿轴 0 调用 median() 函数:
[50. 90. 60.]


沿轴 1 调用 median() 函数:
[65. 80. 60.]
```

本 章 小 结

本章首先介绍 NumPy 的一些基础知识,例如,NumPy 中的轴、秩、数据类型等概念。然后介绍 NumPy 的视图创建、副本创建、索引、切片、重塑、迭代、连接与分隔、排序与搜索方法、随机数与过滤、广播与基础函数等操作。NumPy 可以高效地帮助分析与处理数据,对 Python 语言和基于 Python 的深度学习框架有着非常重要的意义。NumPy 库也是深度学习、机器学习等领域内的必备扩展库之一，所以学好 NumPy 基础知识非常必要。

习　题

一、选择题

1. 计算 NumPy 中元素个数的方法是（　　）。

    A. np.sqrt()　　　　　　B. np.size()　　　　　　C. np.dientity()　　　　D. np.len()

2. Numpy 中创建一个全为 0 的矩阵需要使用的方法为（　　）。

    A. zeros　　　　　　　B. ones　　　　　　　　C. empty　　　　　　　D. arange

3. 创建值域范围为 10～49 的向量（　　）。

    A. np.arange(9,49)　　　　　　　　　　　　B. np.arange(9,50)

    C. np.arange(10,49)　　　　　　　　　　　D. np.arange(10,50)

4. 存在数组 n=np.arange(16).reshape(2,-1,2)，n.shape 的返回结果为（　　）。

    A.　(2,-1,2)　　　　　B.　(2,2,2)　　　　　C.　(2,4,2)　　　　　D.　(2,6,2)

二、填空题

1. 写出导入 NumPy 库并简写为 np 的调用指令_____。

2. 打印 NumPy 的版本和配置说明_____。

3. 创建长度为 20 的随机向量并求出其平均值_____。

三、编程题

1. 创建两个随机矩阵大小分别为 4*2 和 2*3，元素值在 0～10 之间，并求其矩阵积。

2. 创建一个长度为 10 的一维全为 0 的 ndarray 对象，而后数组中第五个元素的值设为 1。

3. 在数组[1, 2, 3, 4, 5]中每相邻两个数字中间插入两个 0。

4. 使用二项分布进行赌博计算，同时抛出 5 枚硬币，如果正面朝上少于 3 枚，则输掉 8 元，否则就赢 8 元。如果手中有 50 元作为赌资，画出 100 次后的可能出现的图像。

第9章 爬虫

9.1 爬虫原理

9.1.1 网络连接

网络连接的过程就像是网络购物一样，消费者通过网络提出商品需求单，商家对需求进行处理并将商品邮寄给消费者。这里，消费者为计算机，商家为服务器，商品需求单是请求头和消息体，商品是由服务器返回的相应信息。

计算机带着请求头和消息体向服务器发送一次请求（Request），对应的服务器在接到请求后会向计算机返回相应的 HTML 文件作为响应（Response）。如图 9.1 所示，计算机的一次请求和服务器的一次回应，即实现了一次网络连接。

图 9.1　网络连接

9.1.2 爬虫开发原理

爬虫原理和网络连接的原理相似。网络连接需要计算机向服务器发送一次请求，并接收服务器的一次回应。爬虫也是需要做这两件事：

（1）模拟计算机向服务器发送一次 Request 请求。

（2）接收服务器的 Response 内容并进行解析、提取所需要的信息。

但往往由于所请求的网页复杂，一次请求和回应不能够批量地获取网页的数据，这时就需要设计爬虫的流程。

可以把爬虫想象成浏览器。浏览器主要用来获取网页信息，并将解析网页展示在浏览器中。爬虫同样是先获取网页信息，但是不需要解析网络，而是将网页存储在本地，为后续的数据挖掘等各类机器学习任务提出数据支撑。

9.2　网　页　构　造

本节将简要介绍如何安装和使用 Chrome 浏览器，并通过 Chrome 浏览器来了解网页的构造。

9.2.1　Chrome 浏览器的安装

Chrome 浏览器的安装与其他软件一样，不需要任何额外的配置。Chrome 官网 https://www.google.cn/chrome/。在搜索引擎搜索 Chrome 时，要注意虚假网站。

安装完成后，Chrome 浏览器会打开默认的搜索引擎，默认搜索引擎为 Google 搜索引擎，该引擎在国内无法打开（图 9.2），可以在 Chrome 中设置其他搜索引擎。

图 9.2　Chrome 浏览器打开默认搜索引擎

更改默认搜索引擎方法如下：

（1）打开 Chrome 浏览器，选择"设置"选项卡。

（2）在菜单栏中选择"启动时"栏目，选择"打开特定网页或一组网页"单选按钮。

（3）选择"添加新网页"选项，设置自己喜好的搜索引擎。

（4）退出 Chrome 浏览器，重新打开之后便是设置后的网页。

9.2.2　网页构造

打开任意一个网页（这里以 https://www.baidu.com/为例），然后在网页空白处右击，在弹出的快捷菜单中选择"检查"命令或按 F12 键，可以看到网页的源代码，如图 9.3 所示。

图 9.3　网页代码

现在分析图 9.3。图中代码上半部分为 HTML 文件，下半部分为 CSS 样式，在 <script><script> 标签中的是 JavaScript 代码。用户浏览的网页是浏览器渲染的结果，浏览器是网页的翻译官，把 HTML、CSS 和 JavaScript 进行翻译后就得到了展示在用户面前的网页。

打开一个网页（这里以 https://www.baidu.com/为例），右击网页空白处，选择"查看网页源代码"命令，即可查看网页的源代码。

通过在网页指定元素上右击后选择快捷菜单中的"检查"命令，即可查看该元素在网页源代码中的准确位置。

9.3　Python 爬虫库

Python 近年来越来越受欢迎，一部分功劳要归功于 Python 的第三方库，有了 Python 的第三方库，用户就可以不用了解底层的思想，可以运用最少的代码写出需求的功能。

9.3.1　安装方法

1．在 PyCharm 中安装

（1）打开 PyCharm，在菜单栏中选择 File→Settings 命令。

（2）在弹出的对话框中选择 Project：xx →Python Interpreter 选项，选择 Python 环境。

（3）单击加号添加第三方库。

（4）搜索需要安装的第三方库的名称，选中需要下载的库，然后单击 Install Package 按钮，过程如图 9.4 和图 9.5 所示。

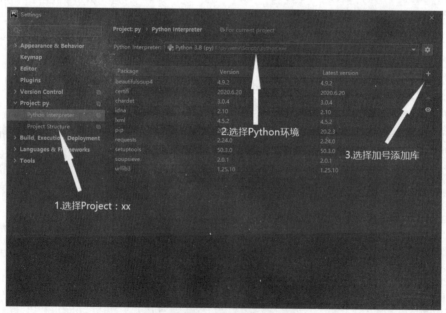

图 9.4　爬虫第三方库安装步骤（1）

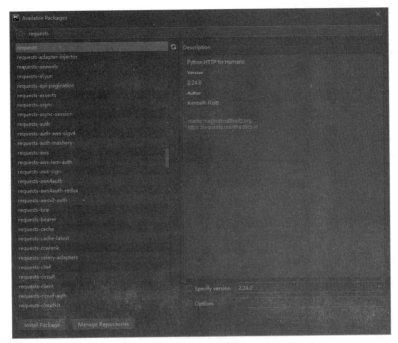

图 9.5　爬虫第三方库安装步骤（2）

安装完成之后，PyCharm 会有成功提示，也可以在 Project Interpreter 中查看已安装的第三方库，单击减号可以删除不需要的库。

2. 使用 PIP 安装

在安装 Python 后，PIP 也会同时进行安装，可以在命令行 cmd 中输入：

```
pip -version
```

如若出现下列提示，则表示 PIP 成功安装。

```
pip 20.1.1 from c:\users\supertyl\appdata\local\programs\python\pyt
hon38-32\lib\site-packages\pip (python 3.8)
```

在用 PIP 成功安装之后，在命令行（cmd）中输入以下代码即可下载安装第三方库：

```
pip3 install packagename
```

此处 packagename 为第三方库的名称，在此输入 pip3 install beautifulsoup4 即可下载 beautifulsoup4 第三方库了。

安装完成后的提示：

```
Successfully installed packagename
```

3. 通过下载 whl 文件安装

在某些时候，前面所提及的两种方法可能使安装失败，或是由于网络原因所造成，或是由于包的依赖关系所引起，此时就需要手动安装。虽然手动安装较前两种方法麻烦，但比前两种方法更加稳定。

（1）打开网页 https://www.lfd.uci.edu/~gohlke/pythonlibs/，下滑寻找 lxml 库，下载到本地目录，部分结果如图 9.6 所示。

Lxml: a binding for the libxml2 and libxslt libraries.
lxml-4.5.2-pp36-pypy36_pp73-win32.whl
lxml-4.5.2-cp39-cp39-win_amd64.whl
lxml-4.5.2-cp39-cp39-win32.whl
lxml-4.5.2-cp38-cp38-win_amd64.whl
lxml-4.5.2-cp38-cp38-win32.whl
lxml-4.5.2-cp37-cp37m-win_amd64.whl
lxml-4.5.2-cp37-cp37m-win32.whl
lxml-4.5.2-cp36-cp36m-win_amd64.whl
lxml-4.5.2-cp36-cp36m-win32.whl
lxml-4.4.3-pp273-pypy_73-win32.whl
lxml-4.4.3-cp35-cp35m-win_amd64.whl
lxml-4.4.3-cp35-cp35m-win32.whl
lxml-4.4.3-cp27-cp27m-win_amd64.whl
lxml-4.4.3-cp27-cp27m-win32.whl
lxml-4.3.1-cp34-cp34m-win_amd64.whl
lxml-4.3.1-cp34-cp34m-win32.whl

图 9.6   下载 lxml 库

（2）在命令行（cmd）中输入：

```
pip3 install wheel
```

（3）等待执行，执行成功后在命令提示符中输入：

```
cd D:\python\ku
```

此处为下载 whl 文件的路径。

（4）最后，在命令提示符中输入：

```
pip3 install lxml-4.4.3-cp35-cp35m-win_amd64.whl
```

此处 lxml-4.4.3-cp35-cp35m-win_amd64.whl 为完整的文件名。这就可以下载库到本地了，通过 whl 文件，可以自动安装依赖的包。

9.3.2 使用方法

安装完 Python 第三方库后，就可以通过下面的方法进行导入并使用第三方库了：

```
import xxxx
```

此处 xxxx 为导入的第三方库的名称，例如 import requests。某些库的使用方法可能不同，如后续导入的第三方库 BeautifulSoup，该库的使用方法为：

```
from bs4 import BeautifulSoup
```

9.4　爬虫三大库

前面讲述了如何安装 Requests、BeautifulSoup、Lxml 三个 Python 第三方库。本节

将依次讲述各个库的说明和使用方法，并完成第一个爬虫程序。

9.4.1　Requests 库

Requests 库的官方说明文档指出：让 HTTP 服务人类。从官方说明文档和后续使用中会发现，Requests 库的作用是向网站发出请求获取网站网页数据的。

```
import requests

res = requests.get('https://www.taobao.com/')   #此处网址为淘宝网
print(res)
#PyCharm 中返回结果为<Response [200]>，说明请求网址成功，若为 404，400 则为
请求网页失败，如图 9.7 所示

print(res.text)
```

图 9.7　请求网页成功

此时，打开 Chrome 浏览器，进入网页 https://www.taobao.com/，在网页空白处右击，在弹出的快捷菜单中选择"查看网页源代码"命令（或直接按快捷键 F12），可以看到代码返回的结果是网页源代码。

在上述代码部分，将网址换成 https://www.baidu.com/，运行一下代码，可以发现，PyCharm 会报错，或者不能显示完全的网页代码，这是什么原因呢？这是因为在使用爬虫的时候，往往需要加入请求头来伪装成浏览器，以便更好地抓取数据。打开 Chrome 浏览器，按快捷键 F12 打开 Chrome 开发工具，找到小菜单中的 Network 选项，刷新网页后在 www.baidu.com 的 Headers 中找到 User-Agent 进行复制。

请求头的使用方法：

```
import requests

#导入头文件，模拟浏览器进行对网页的访问，增加访问网页的稳定性

headers = {
    'User-Agent':'Mozilla/5.0  (Windows  NT  10.0;  Win64;  x64)
AppleWebKit/537.36 (KHTML, like Gecko) Chrome/85.0.4183.102 Safari/537.36'
    }

res = requests.get('https://www.baidu.com/',headers=headers)   #使用
get 方法加入请求头
```

```
print(res)
print(res.text)
```

Requests 库不仅有 get()方法，还有 post()等方法。post()方法常用于提交表单来爬取需要登录才能获得数据的网站。

Requests 库请求网页代码并不一定能成功，当遇到问题时，Requests 库会向用户抛出错误或者异常，Requests 库错误或者异常主要有以下 4 种：

（1）Requests 库抛出一个 ConnectionError 异常，原因是网络问题（如 DNS 查询或解析失败、拒绝链接等）。

（2）Response.raise_for_status()抛出一个 HTTPError 异常，原因是 HTTP 请求返回了不成功的状态码（如网页不存在，返回 404 错误）。

（3）Requests 抛出一个 Timeout 异常，原因是请求超时。

（4）Requests 抛出一个 TooManyRedirects 异常，原因是请求超过了设定的最大重定向次数。

所有的 Requests 显示抛出的异常都继承自 requests.exceptions.RequestException，当发生这些错误或异常，进行代码修改重新再来时，爬虫的程序又开始重新运行了，爬取到的数据又重新爬取了一次，这对爬虫的效率和质量来说都很差。此时，就可以通过 Python 中的 try 避免异常，使用方法如下：

```
import requests

#导入头文件，模拟浏览器进行对网页的访问，增加访问网页的稳定性
headers = {
    'User-Agent':'Mozilla/5.0  (Windows  NT  10.0;  Win64;  x64)
AppleWebKit/537.36 (KHTML, like Gecko) Chrome/85.0.4183.102 Safari/537.36'
    }
res = requests.get('https://www.baidu.com/',headers=headers)  #构造
网页，并使用头文件

try:
    print(res.text)
except  ConnectionError:
    print('拒绝连接')
# 使用 try 方法来捕获程序引发的异常，使程序在发生异常时，不必终止程序的运行。
```

通过 Python 的 try 和 except，如若请求成功了，那么就会正常显示网页源代码。如若请求出现 ConnectionError 异常，就会打印出"拒绝链接"，加入了 try 和 except 后，就不会报错，而是给编程者一个提示，并不会影响后续代码的继续执行。

9.4.2 BeautifulSoup 库

BeautifulSoup 库是目前非常受欢迎的 Python 第三方库的模块。通过 BeautifulSoup 库，可以非常轻松地解析 Requests 库请求的网页，并可以将网站源代码解析成 Soup 文档，以便提取所过滤出来的数据。

BeautifulSoup 库的使用方法：

```
import requests
from bs4 import BeautifulSoup

#导入头文件，模拟浏览器进行对网页的访问，增加访问网页的稳定性
headers = {
    'User-Agent':'Mozilla/5.0  (Windows  NT  10.0;  Win64;  x64)
AppleWebKit/537.36 (KHTML, like Gecko) Chrome/85.0.4183.102 Safari/537.36'
}
#构造网页，并使用头文件
res = requests.get('https://www.baidu.com',headers=headers)
soup = BeautifulSoup(res.text,'html.parser')   #对返回的结果进行解析
print(soup.prettify())
```

　　BeautifulSoup 库所请求返回的网页源代码和 Requests 库所请求返回的源代码结果相似，但通过 BeautifulSoup 库解析得到的结果按照标准缩进格式结构进行输出，是结构化的数据，为后期数据的过滤和筛选做准备。

　　BeautifulSoup 库不仅支持 Python 标准库中的 HTML 解析器，还支持一些第三方的解析器，具体如表 9.1 所示。

表 9.1　BeautifulSoup 库解析器

解析器	使用方法
Python 标准库	BeautifulSoup(markup, "html.parser")
Lxml HTML 解析器	BeautifulSoup(markup, "lxml")
Lxml XML 解析器	BeautifulSoup(markup, ["lxml", "xml"]) BeautifulSoup(markup, "xml")
html5lib	BeautifulSoup(markup, "html5lib")

　　BeautifulSoup 库的其他解析器的优缺点在此处不再进行介绍。BeautifulSoup 库官方推荐使用 Lxml 作为默认解析器，因为效率更好。

　　解析得到的 Soup 文档可以使用 find()、find_all()方法及 selector()方法定位需要的元素。find()和 find_all()两个方法用法相似，BeautifulSoup 文档中对这两个方法的定义如下：

```
find_all(tag,attibutes,recursive,text,limit,keywords)
find(tag,attibutes,recursive,text,keywords)
```

　　在爬虫中主要用的是这两个参数，熟练地运用这两个参数，就可以从网页中提取出所需要的信息。

1. find_all()方法

```
soup.find_all('div',"item")
#查找 div 标签, class="item"
```

```
soup.find_all('div',class="item")
soup.find_all('div',attrs={"class":"item"})
#attrs 参数定义一个字典参数搜索包含特殊属性的 tag
```

2. find()方法

find()方法与上述 find_all()方法相似。find_all()方法返回的是文档中所有符合条件的 tag 值，find()方法返回的是文档中符合条件的一个 tag 值。

3. select()方法

```
soup.select(xxx>xxx>xxx)
#此处括号中是通过 Chrome 浏览器开发者选项中复制得到的标签。该方法类似于学校 > 教
学楼 > 教室，从大到小，获取需要的信息，这种方法可以通过 Chrome 浏览器复制得到。
```

9.4.3　Lxml 库

Lxml 库是基于 libxml2 这一个 XML 解析库的 Python 封装。这个模块使用 C 语言进行编写，所以 Lxml 库的解析速度要比 BeautifulSoup 库更快，Lxml 库的使用方法在后续的小节中讲解。

9.5　案例一：爬取歌曲数据

本案例将用前面所讲述的两个库——Requests 和 BeautifulSoup 库，爬取酷狗音乐中的热门榜单中酷狗 TOP500 的音乐信息。

9.5.1　思路分析

（1）酷狗网页地址 http://www.kugou.com/，本小节将爬取酷狗 TOP500 的歌曲信息，如图 9.8 所示。

图 9.8　酷狗 TOP500 页面

（2）观察网页，发现在酷狗 TOP500 榜单中是没有下一页按钮的，那怎么才能去到下一页呢？观察第一页的 url：

　　https://www.kugou.com/yy/rank/home/1-8888.html?from=rank

尝试一下将 1-8888 改成 2-8888，再进行访问，发现访问后的网页正是榜单的第二页，如图 9.9 所示。

图 9.9　酷狗 TOP500 第二页榜单

此时，进行多次尝试，发现只要更换-8888 前面的数字，就可以去到对应的页码。由于酷狗 TOP500 中有 500 首歌曲，网页的每一页只显示 22 首歌曲，计算一下发现，总共需要 23 个 url。

（3）在酷狗 TOP500 榜单中，需要爬取歌曲的排名情况、歌手名字、歌曲名字和歌曲时长。

9.5.2　案例代码

```
import requests
from bs4 import BeautifulSoup
import time

#导入头文件，模拟浏览器进行对网页的访问，增加访问网页的稳定性
headers = {
'User-Agent':'Mozilla/5.0 (Windows NT 10.0; Win64; x64) AppleWebKit/
537.36 (KHTML, like Gecko) Chrome/85.0.4183.102 Safari/537.36'
}

def get_info(url):
#定义获取信息的函数
    wb_data = requests.get(url,headers=headers)
```

```
#使用 select()方法定位需要提取的元素
    soup = BeautifulSoup(wb_data.text,'lxml')
    ranks = soup.select('span.pc_temp_num')
    titles = soup.select('div.pc_temp_songlist > ul > li > a')
times = soup.select('span.pc_temp_tips_r > span')

    for rank,title,time in zip(ranks,titles,times):
        data = {
#通过 split 获取歌曲信息和歌手信息
            'rank' : rank.get_text().strip(),
            'singer': title.get_text().split('-')[0],
            'song' : title.get_text().split('-')[1],

            'time' : time.get_text().strip()
        }
        print(data)    #获取爬虫信息并按照字典格式打印

if __name__ == '__main__':
#程序的主入口
    urls = ['http://www.kugou.com/yy/rank/home/{}-8888.html'.format
        (str(i)) for i in range(1,24)]
    for url in urls:
        get_info(url)    #循环调用 get_info()函数
        time.sleep(1)    #每调用一次，休眠一秒钟
```

上述代码运行的部分结果如图 9.10 所示。

图 9.10   爬虫程序运行结果

代码分析：

```
import requests
from bs4 import BeautifulSoup
import time
```

上述代码导入了此程序运行中所需要的 Python 第三方库。Requests 库在爬虫代码中起到请求网页、获取网页数据的作用，BeautifulSoup 库在爬虫代码中起到解析网页数据、生成 soup 文件的作用。time 库中的 sleep()方法可以使爬虫程序每调用一次，休眠一定的时间，防止爬取数据失败。

```
headers = {
        'User-Agent':'Mozilla/5.0  (Windows   NT   10.0;  Win64;  x64)
AppleWebKit/537.36 (KHTML, like Gecko) Chrome/85.0.4183.102 Safari/537.36'
    }
```

上述代码使爬虫程序伪装成浏览器，请求获取网页数据，增加爬虫的稳定性。

```
def get_info(url):
    wb_data = requests.get(url,headers=headers)
    soup = BeautifulSoup(wb_data.text,'lxml')
    ranks = soup.select('span.pc_temp_num')
    titles = soup.select('div.pc_temp_songlist > ul > li > a')
    times = soup.select('span.pc_temp_tips_r > span')
    for rank,title,time in zip(ranks,titles,times):
        data = {
            'rank' : rank.get_text().strip(),
            'singer': title.get_text().split('-')[0],
            'song' : title.get_text().split('-')[1],
            'time' : time.get_text().strip()
        }
        print(data)
```

上述代码定义了 get_info()函数，用于获取网页信息并输出信息。此部分爬虫代码使用了 BeautifulSoup 库中的 select()方法，定位需要提取的信息并通过 split 获取歌手信息和歌曲信息，并将获取的信息按照字典的格式打印出来。

当传入 url 后，爬虫程序对 url 进行请求和解析，通过 Chrome 浏览器中的开发者工具复制 selector，获取相应的信息。因为这部分获取的信息为列表的数据结构，所以可以进行多重循环，构造出字典数据结构，输出并进行打印。

```
if __name__ == '__main__':
    urls = ['http://www.kugou.com/yy/rank/home/{}-8888.html'.format
            (str(i)) for i in range(1,24)]
    for url in urls:
        get_info(url)
        time.sleep(1)
```

上述代码为整个爬虫程序的主入口，通过观察网页的 url，利用前面的分析构造 23 个 url，运用了 Python 中的 format()方法，并重复调用 get_info()函数，获取网页的数据。此部分中 time.sleep(1)的作用，是程序每循环一次，就让程序休眠 1 秒钟，以防止程序请求网页频率过快而导致爬虫失败。

9.6　正则表达式

正则表达式可以帮助开发人员检查字符串与某种模式是否匹配。它是一类特殊的符号序列的集合。在 Python 中的 re 模块中，拥有着正则表达式的全部功能，为网络爬虫提供了方便，获取数据变成了可能。本节将讲述 Python 中 re 模块的使用方法和正则表达式的常用字符。在不使用 BeautifulSoup 库的情况下，完成爬虫程序。

9.6.1　正则表达式常用字符解析

1. 一般字符

在正则表达式中，一般字符共有 3 个，如表 9.2 所示。

表 9.2　一般字符

字符	含义
.	匹配任意单个字符（不包括换行符\n）
\	转义字符（把含有特殊含义的字符转换成字面意思）
[...]	字符集（对应字符集中的任意字符）

（1）字符"．"的意思是匹配任意单个字符。例如，e.t，可以匹配以下字符：etc、eac、e&c 等，但这个字符不可以匹配换行符。

（2）字符"\"可以把字符改变成原来的意思。这个转义字符有很重要的作用，比如，"．"字符是匹配任意单个字符，但有时不想匹配任意单个字符，只想匹配一个点，这时就需要使用"\"字符，例如，输入"\."，此时就只能匹配"．"。

（3）"[...]"为匹配集合中的任意一个，例如 c[abc]，匹配后的结果为 ca、cb、cc。

2. 预定义字符集

正则表达式中，预定义字符集一共有 6 种，如表 9.3 所示。

表 9.3　预定义字符集

预定义字符集	含义
\d	匹配一个数字字符（等价于[0-9]）
\D	匹配一个非数字字符（等价于[^0-9]）
\s	匹配任何空白字符，包括空格、制表符、换页符等（等价于[\f\n\r\t\v]）
\S	匹配任何非空白字符（等价于[^\f\n\r\t\v]）
\w	匹配包括下画线的任何单词字符（等价于'[A-Za-z0-9_]'）
\W	匹配任何非单词字符（等价于[^A-Za-z0-9_]'）

预定义字符集在爬虫代码中，常常用于匹配数字字符而过滤掉获取的文字信息部分。例如，"3200 元"，只想提取出数字信息，这时就可以通过预定义字符集进行筛选，通过"\d+"来匹配数据，"\d"可以匹配数字字符，"+"是一个数量词，作用为匹配前一个字符 1 或无限次。运用"\d+"可以匹配出所有的数字字符。

3. 数量词

在正则表达式中，常用的数量词一共有 5 个，如表 9.4 所示。

表 9.4 数量词

数量词	含义
*	匹配前一个字符 0 或无限次
+	匹配前一个字符 1 或无限次
?	匹配前一个字符 0 或 1 次
{m}	匹配前一个字符 m 次
{m,n}	匹配前一个字符 m 到 n 次

（1）"*"为匹配前一个字符 0 或无限次，例如，et*c，匹配的结果为 ec、etc、ettc 和 etttc 等。

（2）"+"为匹配前一个字符 1 或无限次，例如，et+c，匹配的结果为 etc、ettc、etttc 和 ettttc 等。

（3）"?"为匹配前一个字符 0 或 1 次，例如，et?c，匹配的结果为 ec 和 etc。

（4）"{m}"为匹配前一个字符 m 次，例如，et{4}c，匹配的结果为 etttttc。

（5）"{m,n}"为匹配前一个字符 m 到 n 次，例如，et{1,4}c，匹配的结果为 etc、ettc、etttc 和 ettttc。

4. 边界匹配

在正则表达式中，边界匹配的关键符号一共有 4 个，如表 9.5 所示。

表 9.5 边界匹配字符

边界匹配	含义
^	匹配字符串开头
$	匹配字符串结尾
\A	仅匹配字符串开头
\Z	仅匹配字符串结尾

（1）"^"为匹配字符串开头，例如^etc，匹配以 etc 字符串开头的字符串。

（2）"$"为匹配字符串结尾，例如 etc$，匹配以 etc 字符串结尾的字符串。

（3）"\A"为仅匹配字符串开头，例如\Aetc。

（4）"\Z"为仅匹配字符串结尾，例如 etc\Z。

边界匹配字符在写爬虫代码时，运用极少，爬虫大多数都是在爬取网页标签中的数据。例如，<p class="pd_price　clearfix"><span class="price">RMB 4,199</span>p>中提取金额数，边界匹配字符在这里不起作用。

在爬虫中，有一个非常实用的方法（.*?），"（）"表示在此中的内容作为返回结果，"（.*?）"可以匹配任意字符。（.*?）使用方法如下：

```
import re
```

```
a = 'xxIxxsdfxxlovexxsdfxxpythonxx'
infos = re.findall('xx(.*?)xx',a)
print(infos)
```

上述代码的运行结果如图 9.11 所示。

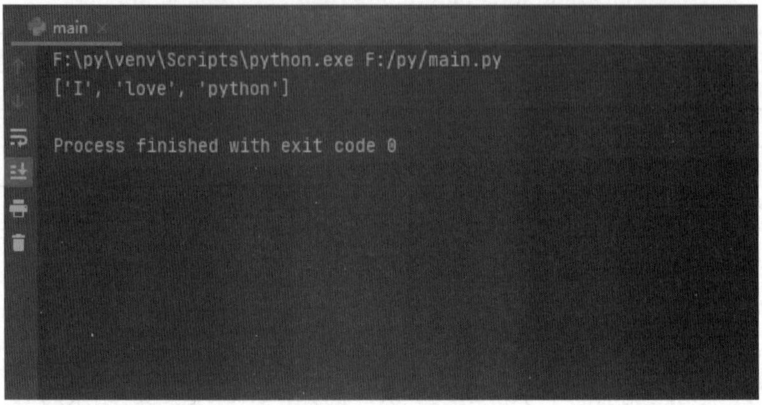

图 9.11　（.*?）的编程运行结果

9.6.2　re 模块及其使用方法

Python 中的 re 模块，使 Python 拥有了全部的正则表达式功能，本小节将讲述 Python 中的 re 模块的使用方法。

1．search()函数

re 模块中的 search()函数，其作用是匹配并提取出第一个符合规律的内容，并返回一个正则表达式对象。

search()函数的使用方法如下：

```
re.match(pattern,string,flags=0)
```

在此方法中：

（1）pattern 为匹配的正则表达式。

（2）string 为将要匹配的字符串。

（3）flags 为标志位，用来控制此方法中正则表达式的匹配方式，例如，多行匹配、是否区分大小写等。

re 模块中 search()函数使用代码如下：

```
import re

a = 'xxx1xxx2xxx3'
infos = re.search('\d+',a)
print(infos)
```

上述代码的运行结果如图 9.12 所示。

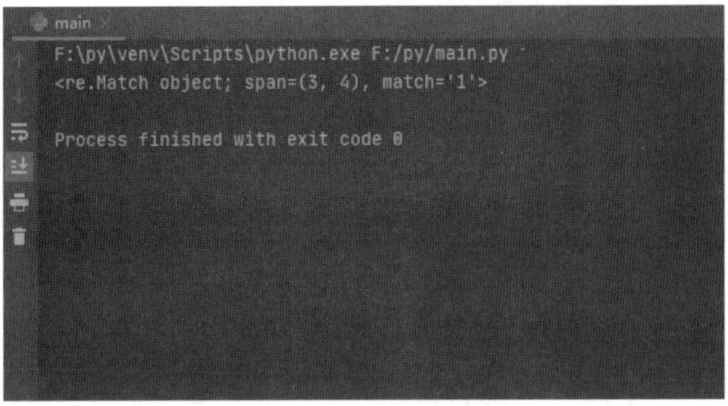

图 9.12 search()函数的使用方法

从运行结果中可以看出，search()函数返回的是正则表达式的对象，结果表示通过给定的正则表达式，找到了（3,4）范围内的一个结果，这个结果是 1 这个字符串，可以通过下面的代码将结果返回匹配到的字符串。

```python
import re

a = 'xxxxx1xxx2xxx3'
infos = re.search('\d+',a)
print(infos.group())
```

上述代码的运行结果如图 9.13 所示。

图 9.13 返回匹配的字符串

2. sub()函数

Python 中的 re 模块，提供了 sub()函数，此函数用于替换字符串中的匹配项。sub() 函数的语法如下：

```
re.sub(pattern,repl,string,count=0,flags=0)
```

在此方法中：

（1）pattern 为匹配的正则表达式。

（2）repl 为替换的字符串。

（3）string 为将要被查找替换的原始字符串。

（4）count 为模式匹配后替换的最大次数，默认为 0，表示需要替换所有的匹配结果。

（5）flags 为标志位，用来控制此方法中正则表达式的匹配方式，例如，多行匹配、是否区分大小写等。

例如，一个快递单号为 7754-4564-4454，现在要将此快递单号中的"-"去掉，运用 re 模块中的 sub()函数，方法如下：

```python
import re


danhao = '7754-4564-4454'
new_danhao = re.sub('\D','',danhao)
print(new_danhao)
```

上述代码中的运行结果如图 9.14 所示。

图 9.14　sub()函数的使用方法

re 模块中 sub()函数，其用途与字符串中的 replace()函数类似，但是 sub()函数比 replace()函数更加灵活。sub()函数可以通过正则表达式，匹配需要替换的字符串。但 replace()函数做不到这些。在正常的 Python 爬虫中，极少使用 sub()函数，因为爬虫需要爬取数据，而不是替换数据。

3. findall()函数

re 模块中的 findall()函数，其作用是匹配该字符串中所有符合规律的内容，并将结果按照列表的形式进行返回，例如，前面举例的"xxx1xxx2xxx3"，通过 search()函数，只能匹配并提取该字符串中符合条件的第一个结果。但是，使用 findall()函数，可以将该字符串中，所有符合条件的内容进行提取。

具体代码如下：

```python
import re


a = 'xxx1xxx2xxx3'
infos = re.findall('\d+',a)
print(infos)
```

上述代码的运行结果如图 9.15 所示。

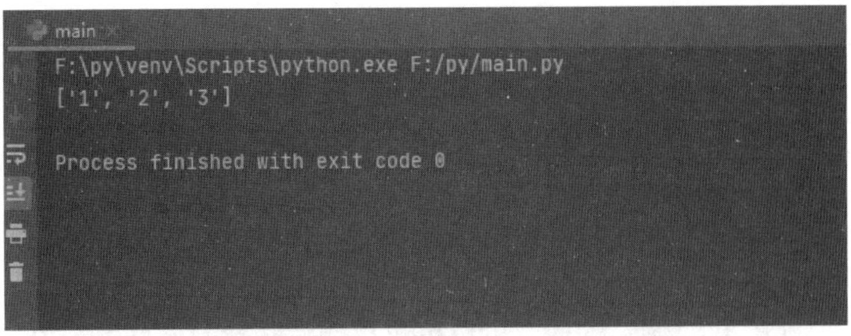

图 9.15 findall()函数的使用方法

4. re 模块修饰符

re 模块中包含一些可选标志修饰符来控制匹配的模式,如表 9.6 所示。

表 9.6 re 模块修饰符

修饰符	描述
re.I	使匹配大小不敏感
re.L	做本地化识别(locale-aware)匹配
re.M	多行匹配,影响^和$
re.S	使匹配包括换行在内的所有字符
re.U	根据 Unicode 字符集解析字符,这个标志影响\w, \W, \b, \B。
re.X	该标志通过给予更灵活的格式,以便将正则表达式写得更容易理解

在编写爬虫代码中,re.S 是最常使用的修饰符,因为 re.S 可以进行换行匹配。例如,提取 div 标签中的文字,可以通过以下代码实现:

```python
import re

a = '<div>价格<div>'
new_a = re.findall('<div>(.*?)<div>',a)
print(new_a)
```

上述代码的运行结果如图 9.16 所示。

图 9.16 提取 div 运行结果

虽然 re 模块下的 findall()函数在很多时候都可以提取网页中的元素。但是,如果两个 div 标签不在一行，findall()函数就无法将其中元素提取出来（如图 9.17 所示）。但加入 re.S 修饰符后，findall()函数就可以将不在一行的 div 标签中的信息提取出来。

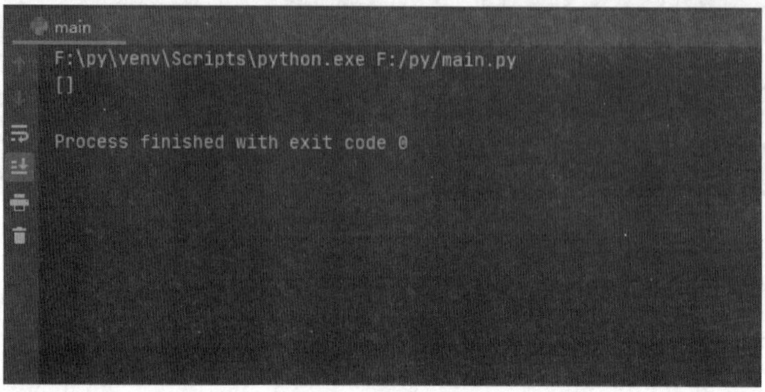

图 9.17　换行匹配

具体的例子如下：

```python
import re

a = '''<div>价格
<div>'''
new_a = re.findall('<div>(.*?)<div>',a,re.S)
print(new_a)
```

上述代码的运行结果如图 9.18 所示。

图 9.18　re.S 换行匹配结果

re.S 修饰符可以匹配出不在一行的 div 标签中的内容，是因为 re.S 不是逐行进行匹配，而 findall()函数是逐行进行匹配，当第一行没有匹配到相应规格的数据时，就会从第二行进行重新匹配。所以，findall()函数不能匹配到不在一行的 div 中的信息，这时便可以使用 re.S 进行匹配。

从上述结果可以看出，只要匹配的数据不在一行，匹配到的数据就会有一个换行符，这种数据需要进行清洗后才可以存入数据库，这时需要使用 strip()方法进行数据清洗。

方法如下：

```
import re

a = '''<div>价格
<div>'''
new_a = re.findall('<div>(.*?)<div>',a,re.S)
print(new_a[0].strip())
```

上述代码的运行结果如图 9.19 所示。

图 9.19 清洗数据后的结果

9.7 案例二：爬取小说

根据前面所讲述的正则表达式，在不运用解析库的前提下，通过本案例，爬取宜搜小说官网上的小说，并将爬取的结果存储到本地文件当中。

9.7.1 思路分析

（1）宜搜小说官网 https://book.easou.com/ta/index.m，下面将要爬取宜搜小说中的《万古第一仙宗》全部内容，如图 9.20 所示。

图 9.20 万古第一仙宗

（2）观察《万古第一仙宗小说》前七章网址：

https://book.easou.com/ta/show.m?esid=w3DUHd1Hnfn&gid=HOKzz8MzYdmsiD9LrQ-dxEXf&nid=482538&st=1&gst=1

https://book.easou.com/ta/show.m?esid=w3DUHd1Hnfn&gid=HOKzz8MzYKPz409UI2-dxEXf&nid=482538&st=2

https://book.easou.com/ta/show.m?esid=w3DUHd1Hnfn&gid=HOKzz8MzYKPz409UI2-dxEXf&nid=482538&st=3

https://book.easou.com/ta/show.m?esid=w3DUHd1Hnfn&gid=HOKzz8MzYKPz409UI2-dxEXf&nid=482538&st=4

https://book.easou.com/ta/show.m?esid=w3DUHd1Hnfn&gid=HOKzz8MzYKPz409UI2-dxEXf&nid=482538&st=5

https://book.easou.com/ta/show.m?esid=w3DUHd1Hnfn&gid=HOKzz8MzYKPz409UI2-dxEXf&nid=482538&st=6

https://book.easou.com/ta/show.m?esid=w3DUHd1Hnfn&gid=HOKzz8MzYKPz409UI2-dxEXf&nid=482538&st=7

观察前七章的网址，发现只有第一章的网址不同，较其他网址多了"&gst=1"这部分内容，将这部分内容去除，发现去除后的网址依旧可以访问第一章，所以只需更改"st="后面的数字，即可访问对应的章节。

此时，将"st="后面的数字换成 10，发现正好切换到小说的第十章，如图 9.21 所示。

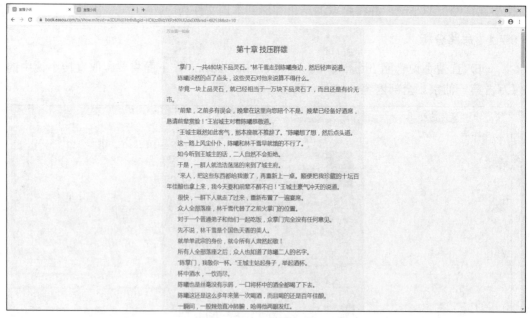

图 9.21　小说第十章

至此，可以发现，只要改变网页"st="后面的数字，就可以跳转到对应的章节。小说一共九百章左右，为了减少程序的运行时间，这里只爬取小说的前十章内容，需要爬取的内容如图 9.21 所示。

（3）运行 Python 中对文件的操作，将爬取的结果写入到本地 txt 文档之中。

9.7.2　爬虫代码及代码解析

```
import requests
import re
import time

#导入头文件，模拟浏览器进行对网页的访问，增加访问网页的稳定性
headers = {
    'User-Agent':'Mozilla/5.0  (Windows  NT  10.0;  Win64;  x64)
AppleWebKit/537.36 (KHTML, like Gecko) Chrome/85.0.4183.102 Safari/537.36'
    }

f = open('G:/xiaoshuo.txt','a+')
#在主机上新建一个 txt 文档，使用 Python 中的 open()方法，打开 txt 文档，并设置为追加
模式

def get_info(url):
#定义获取信息的函数
    res = requests.get(url,headers=headers)
    if res.status_code == 200:     #判断返回的请求码是否为 200
    contents = re.findall('<br/>(.*?)<br/>',res.content.decode('utf-8'),
re.S)
    for content in contents:
    f.write(content+'\n')  #将正则表达式获取的数据写入到 TXT 文档当中
    else:
    pass
    #不是 200 就舍弃掉，丢弃掉访问不通的网页

if __name__ == '__main__':
#程序的主入口
    urls = ['https://book.easou.com/ta/show.m?esid=w3DUHd1Hnfn&gid=
    HOKzz8MzYKPz409UI2dxEXf&nid=482538&st={}'.format(str(i))
    for i in range(1,10)]  #url 信息和构造多页 url
        for url in urls:
            get_info(url)  #循环调用 get_info()函数
                time.sleep(1)  #每调用一次，休眠一秒钟

        f.close()  #关闭文件，清除内存
```

打开本地 TXT 文档，程序运行后爬取的结果如图 9.22 所示。

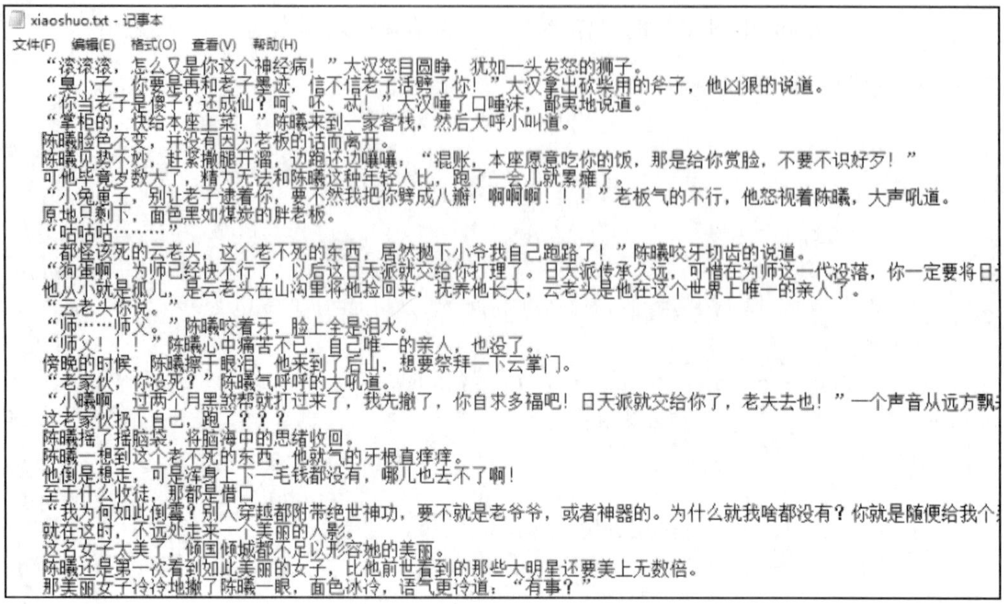
xiaoshuo.txt - 记事本

文件(F) 编辑(E) 格式(O) 查看(V) 帮助(H)

“滚滚滚，怎么又是你这个神经病！”大汉怒目圆睁，犹如一头发怒的狮子。
“臭小子，你要是再和老子墨迹，信不信老子活劈了你！”大汉拿出砍柴用的斧子，他凶狠的说道。
“你当老子是傻子？还成仙？呵、呸、忒！”大汉唾了口唾沫，鄙夷地说道。
“掌柜的，快给本座上菜！”陈曦来到一家客栈，然后大呼小叫道。
陈曦脸色不变，并没有因为老板的话而离开。
陈曦见势不妙，赶紧撒腿开溜，边跑还边嚷嚷：“混账，本座愿意吃你的饭，那是给你赏脸，不要不识好歹！”
可他毕竟岁数大了，精力无法和陈曦这种年轻人比，跑了一会儿就累瘫了。
“小兔崽子，别让老子逮着你，要不然我把你劈成八瓣！啊啊啊！！！”老板气的不行，他怒视着陈曦，大声吼道。
原地只剩下，面色黑如煤炭的胖老板。
“咕咕咕………”
“都怪该死的云老头，这个老不死的东西，居然抛下小爷我自己跑路了！”陈曦咬牙切齿的说道。
“狗蛋啊，为师已经快不行了，以后这日天派就交给你打理了。日天派传承久远，可惜在为师这一代没落，你一定要将日
他从小就是孤儿，是云老头在山沟里将他捡回来，抚养他长大，云老头是他在这个世界上唯一的亲人了。
“云老头你说。”
“师……师父。”陈曦咬着牙，脸上全是泪水。
“师父！！！”陈曦心中痛苦不已，自己唯一的亲人，也没了。
傍晚的时候，陈曦擦干眼泪，他来到了后山，想要祭拜一下云掌门。
“老家伙，你没死？”陈曦气呼呼的大吼道。
“小曦啊，过两个月黑煞帮就打过来了，我先撤了，你自求多福吧！日天派就交给你了，老夫去也！”一个声音从远方飘
这老家伙扔下自己，跑了？？？
陈曦摇了摇脑袋，将脑海中的思绪收回。
陈曦一想到这个老不死的东西，他就气的牙根直痒痒。
他倒是想走，可是浑身上下一毛钱都没有，哪儿也去不了啊！
至于什么收徒，那都是借口
“我为何如此倒霉？别人穿越都附带绝世神功，要不就是老爷爷，或者神器的。为什么就我啥都没有？你就是随便给我个
就在这时，不远处走来一个美丽的人影。
这名女子太美了，倾国倾城都不足以形容她的美丽。
陈曦还是第一次看到如此美丽的女子，比他前世看到的那些大明星还要美上无数倍。
那美丽女子冷冷地撇了陈曦一眼，面色冰冷，语气更冷道：“有事？”

图 9.22 爬取小说结果

本爬虫代码的功能块具体分析如下：

```
import requests
import re
import time
```

上述代码导入了此程序运行中所需要的 Python 第三方库。Requests 库在爬虫代码中起到请求网页、获取网页数据的作用。在此源码中，由于使用了正则表达式，不需要 BeautifulSoup 库来解析网页数据，而是运用了 Python 中的 re 模块来匹配正则表达式，获取信息。time 库中的 sleep()方法可以使爬虫程序每调用一次，休眠一定的时间，防止在请求网页、爬取数据时导致失败。

```
headers = {
    'User-Agent':'Mozilla/5.0  (Windows  NT  10.0;  Win64;  x64)
AppleWebKit/537.36 (KHTML, like Gecko) Chrome/85.0.4183.102 Safari/537.36'
}
```

上述代码使爬虫程序伪装成浏览器，请求获取网页数据，增加爬虫的稳定性。

```
f = open('G:/xiaoshuo.txt','a+')
```

这部分代码，在主机上新建一个 txt 文档，使用 Python 中的 open()方法，打开在本地新建的 txt 文档，并设置为追加模式，用来存取所爬取的小说的全部数据。

```
def get_info(url):
    res = requests.get(url,headers=headers)
    if res.status_code == 200:
      contents  =  re.findall('<br/>(.*?)<br/>',res.content.decode
('utf-8'),re.S)
```

```
        for content in contents:
            f.write(content+'\n')
    else:
        pass
```

上述代码定义了 get_info()函数，用于获取网页信息并输出信息。在开发者工具中观察网页，发现小说内容都在"

"标签中，代码中的"utf-8"是网页的一种解码器，防止在爬取数据的过程中，发生乱码的现象。

当传入url后，爬虫程序对url进行请求和解析。通过正则表达式定位小说的内容，输出并写入 TXT 文档中。

```
if __name__ == '__main__':
    urls = ['https://book.easou.com/ta/show.m?esid=w3DUHd1Hnfn&gid=
HOKzz8MzYKPz409UI2dxEXf&nid=482538&st={}'.format(str(i))
    for i in range(1,10)]
    for url in urls:
        get_info(url)
        time.sleep(1)
    f.close()
```

上述代码为整个爬虫程序的主入口，通过观察网页的 url，利用前面的分析构造 10 个 url，运用了 Python 中的 format()方法，并重复调用 get_info()函数，获取网页的数据。此部分中的time.sleep()方法的作用，是每循环一次，就让程序休眠 1 秒钟，以防止程序请求网页频率过快而导致爬虫失败。

9.8　案例三：爬取糗事百科

根据前面所讲述的正则表达式，在不运用解析库的前提下，完成一个简单的爬虫案例，爬取糗事百科网上的段子，并将爬取的结果存储到本地文件当中。

9.8.1　思路分析

（1）糗事百科官网 https://www.qiushibaike.com/，本小节爬取糗事百科段子中的信息。

（2）观察糗事百科段子部分的网址：

第一页 https://www.qiushibaike.com/text/

第二页 https://www.qiushibaike.com/text/page/2/

第三页 https://www.qiushibaike.com/text/page/3/

第四页 https://www.qiushibaike.com/text/page/4/

第五页 https://www.qiushibaike.com/text/page/5/

观察上面的网址发现，除了第一页网址，其余页的网址都非常有规律，将第一页网址修改成 https://www.qiushibaike.com/text/page/1/，发现可以正常访问段子第一页的内容。

　　此时，试着访问第十页的内容，将网址改成 https://www.qiushibaike.com/text/page/10/，发现所访问的网址正好是第十页的内容。

　　（3）观察网页，需要爬取的内容为用户网名、用户等级、用户性别、所发段子内容、好笑数目和评论数目，如图 9.23 所示。

图 9.23　所需要提取的内容

　　（4）运行 Python 中对文件的操作，将爬取的结果写入到本地 txt 文档之中。

9.8.2　爬虫代码及代码解析

```python
import requests
import re

#导入头文件，模拟浏览器进行对网页的访问，增加访问网页的稳定性
headers = {
    'User-Agent': 'Mozilla/5.0 (Windows  NT  10.0;  Win64;  x64)
AppleWebKit/537.36 (KHTML, like Gecko) Chrome/85.0.4183.102 Safari/537.36'
    }

info_lists = []   #初始化列表，用于存取爬虫所爬取的信息

def judgment_sex(class_name):    #定义获取性别的函数
    if class_name == 'manIcon':
        return '男'
    else:
        return '女'
```

```
    def get_info(url):
        #定义获取信息的函数
        res = requests.get(url)
        ids = re.findall('<h2>(.*?)</h2>', res.text, re.S)
        levels = re.findall('<div class="articleGender manIcon">(.*?)
</div>', res.text, re.S)
        sexs = re.findall('<div class="articleGender (.*?)">', res.text,
re.S)
        contents = re.findall('<span>(.*?)</span>', res.text, re.S)
        laughs = re.findall('<span class="stats-vote"><i class="number">
(.*?)</i> 好笑</span>', res.text, re.S)
        comments = re.findall('<i class="number">(.*?)</i>', res.text,
re.S)

        for id, level, sex, content, laugh, comment in zip(ids, levels,
sexs, contents, laughs, comments):
            info = {
                'id': id,
                'level': level,
                'sex': judgment_sex(sex),
                'content': content,
                'laugh': laugh,
                'comment': comment

            }

            info_lists.append(info)        #通过 append()方法, 将获取的信息写入
列表中


    if __name__ == '__main__':
        #程序的主入口
        urls = ['http://www.qiushibaike.com/text/page/{}/'.format(str(i))
for i in range(1,13)]
        #url 信息和构造多页 url
        for url in urls:
            get_info(url)
                #循环调用 get_info()函数
        for info_list in info_lists:
        #在主机上新建一个 txt 文档, 使用 Python 中的 open()方法, 打开 txt 文档, 并设
置为追加模式
            f = open('G:/shuju.text', 'a+')
            try:
                f.write(info_list['id'] + '\n')
                f.write(info_list['level'] + '\n')
```

```
              f.write(info_list['sex'] + '\n')
              f.write(info_list['content'] + '\n')
              f.write(info_list['laugh'] + '\n')
              f.write(info_list['comment'] + '\n\n')
              f.close()
          #捕获程序异常，将数据写入 txt 中
       except UnicodeEncodeError:
              pass
          #pass 掉错误的编码
```

运行上述代码便可将用户信息存储在本地文件中。

下面对代码块的功能进行分析。

```
   import requests
   import re
```

上述代码导入此程序运行中所需要的 Python 第三方库，Requests 库在爬虫代码中起到请求网页、获取网页数据的作用。在此程序中，由于使用了正则表达式，不需要 BeautifulSoup 库来解析网页数据，运用 Python 中的 re 模块来匹配正则表达式，获取信息。

```
   headers = {
       'User-Agent': 'Mozilla/5.0 (Windows  NT 10.0;  Win64;  x64)
AppleWebKit/537.36 (KHTML, like Gecko) Chrome/85.0.4183.102 Safari/537.36'
       }
```

上述代码使爬虫程序伪装成浏览器，请求获取网页数据，增加爬虫的稳定性。

```
   info_lists = []
```

此行代码，定义一个空列表，用来存储从网页上爬取的信息，每条信息都为字典结构。

```
   def judgment_sex(class_name):
       if class_name == 'manIcon':
           return '男'
       else:
           return '女'
```

上述代码定义了 judgment_sex()函数，用于判断从网页中提取的信息，判定用户的性别。

在网页中，可以通过右键单击性别图标查看性别代码，如图 9.24 所示。

分析浏览器中的"元素"或者"Elements"，查找得到如下含有性别的 html 样式为：

男性<div class="articleGender manIcon">33</div>

女性<div class="articleGender womenIcon">20</div>

图 9.24　用户性别代码

　　观察男女性别代码，发现男性为 manIcon，女性为 womenIcon，通过正则表达式，提取 class 标签信息，可以判断用户性别。

```
def get_info(url):
    res = requests.get(url)
    ids = re.findall('<h2>(.*?)</h2>', res.text, re.S)
    levels = re.findall('<div class="articleGender manIcon">(.*?)</div>',
res.text, re.S)
    sexs = re.findall('<div class="articleGender (.*?)">', res.text,
re.S)
    contents = re.findall('<span>(.*?)</span>', res.text, re.S)
    laughs = re.findall('<span class="stats-vote"><i class="number">
(.*?)</i> 好笑</span>', res.text, re.S)
    comments = re.findall('<i class="number">(.*?)</i>', res.text,
re.S)
    for id, level, sex, content, laugh, comment in zip(ids, levels,
sexs, contents, laughs, comments):
        info = {
            'id': id,
            'level': level,
            'sex': judgment_sex(sex),
            'content': content,
            'laugh': laugh,
            'comment': comment
        }
        info_lists.append(info)
```

　　上述代码定义了 get_info() 函数，用于获取网页信息，调用 judgment_sex() 函数，并将输出结果写进列表当中。

　　通过检查用户名称，发现用户名称在 <h2></h2> 标签之中。该标签会因为网站版本的不同而随时发生变化。

其余获取网页信息部分代码，与上述代码类似，此处不一一列举。

```
    if __name__ == '__main__':
        urls = ['http://www.qiushibaike.com/text/page/{}/'.format(str(i))
for i in range(1,2)]
        for url in urls:
            get_info(url)
        for info_list in info_lists:
            f = open('G:/shuju.text', 'a+')
            try:
                f.write(info_list['id'] + '\n')
                f.write(info_list['level'] + '\n')
                f.write(info_list['sex'] + '\n')
                f.write(info_list['content'] + '\n')
                f.write(info_list['laugh'] + '\n')
                f.write(info_list['comment'] + '\n\n')
                f.close()
            except UnicodeEncodeError:
                pass
```

上述代码为整个爬虫程序的主入口，通过观察网页的 url，利用前面的分析构造 13 个 url，并重复调用 get_info()函数，每调用一次函数，就遍历一次列表 info-lists，并将数据输出并保存到本地 TXT 文档中。在此部分中使用 try 方法来捕获程序引发的异常，使程序在发生异常时，不必终止程序的运行，并将错误的编码过滤掉。

9.9　Lxml 库

Lxml 库基于 C 语言进行编写，是 Python 中的一个解析库，该库可以对 HTML 和 XML 进行解析，解析速度比 BeautifulSoup 库速度更快。Lxml 库可以修正 HTML 的代码。

9.9.1　Lxml 库的安装

1. Mac 系统下安装

在安装 Lxml 库之前，需要安装 Command Line Tools，方法有很多种，可自行查找安装方法，其中一种方法是通过终端进行安装：

```
xcode-select -install
```

安装成功后，会提示 Successful，如果安装失败，可以通过其他方式进行安装，如 brew 或者下载 dmg 的方式进行安装。

之后安装 Lxml 库：

```
pip3 install lxml
```

经过这两个步骤之后，Lxml 库便完成安装。

2. Linux 系统下安装

在 Linux 系统下安装 Lxml 库比 Mac 系统安装便捷，只需要在终端下输入：

```
sudo apt-get install Python 3-lxml
```

即可安装完成。

9.9.2　Lxml 库的使用

1. 修正 HTML 代码

Lxml 虽然是 XML 的解析库，但也有很好的 HTML 解析能力，为使用 Lxml 库爬取数据提供了条件。

```
from lxml import etree

text = '''
<div>
    <ul>
        <li class="red"><h1>red flowers</h1></li>
        <li class="yellow"><h2>yellow flowers</h2></li>
        <li class="white"><h3>white flowers</h3></li>
        <li class="black"><h4>black flowers</h4></li>
        <li class="blue"><h5>blue flowers</h5>
    <ul>
<div>
'''
html = etree.HTML(text)
#etree.HTML()调用 HTML 类对文本进行初始化，构造 xpath 解析对象，并修正 HTML 文本
print(html)
```

上述代码运行的结果如图 9.25 所示。

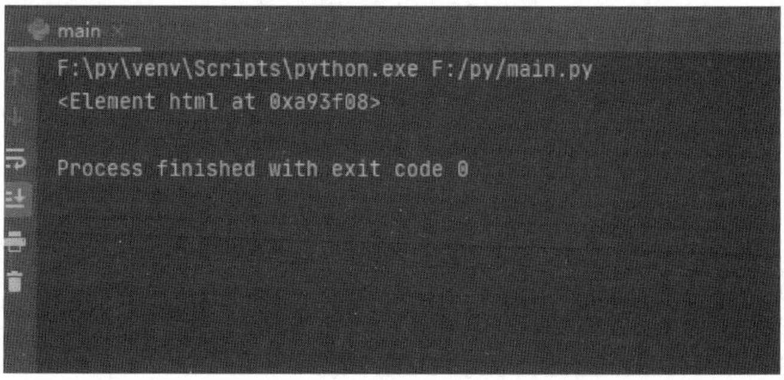

图 9.25　程序运行结果

此程序首先导入 Lxml 库，使用 Lxml 中的 etree 库。然后运用 etree.HTML 将代码

进行初始化，并进行解析和修正，最后将结果输出。从输出的结果可以看到，etree 将代码解析成 Element 对象。

可以通过下面的代码，将解析修正后的结果输出：

```
from lxml import etree


text = '''
<div>
    <ul>
        <li class="red"><h1>red flowers</h1></li>
        <li class="yellow"><h2>yellow flowers</h2></li>
        <li class="white"><h3>white flowers</h3></li>
        <li class="black"><h4>black flowers</h4></li>
        <li class="blue"><h5>blue flowers</h5>
    <ul>
<div>
'''
html = etree.HTML(text)
result = etree.tostring(html)
#etree.HTML()调用HTML类对文本进行初始化，构造xpath解析对象，并修正HTML文本
#etree.HTML()可以输出修正后的HTML代码，也可以直接读取文本进行解析，但结果为
bytes类型
print(result)
```

上述程序运行结果如图 9.26 所示。

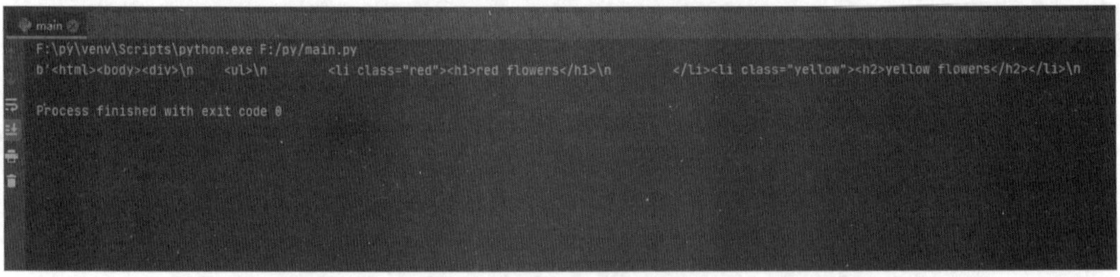

图 9.26　修正后的结果

通过上述的运行结果可以看到，缺少或错误的 HTML 代码通过 Lxml 库中的 etree 库被修正，这体现出了 Lxml 一个非常实用的功能，即自动修正缺少或错误 HTML 代码。

2. 读取 HTML

Lxml 库不仅仅可以直接读取字符串，还可以读取 HTML 文件中的内容，在 PyCharm 中新建一个 HTML 文件，如图 9.27 所示。

新建好 HTML 文件后，可以看到，PyCharm 已将 title、head、body 等标签写好，如图 9.28 所示。将前面的代码复制过来，如图 9.29 所示。

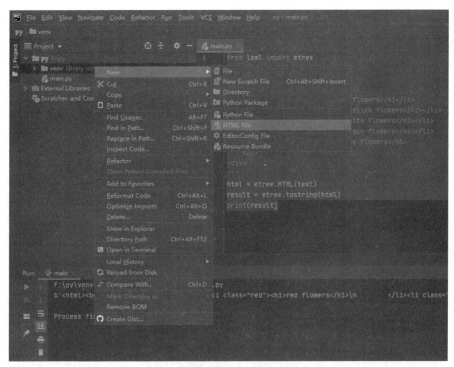

图 9.27　新建 HTML 文件

图 9.28　PyCharm 中自动写好的内容

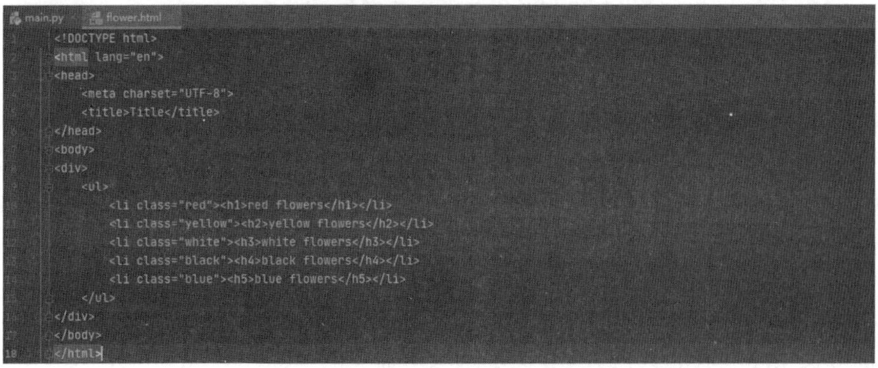

图 9.29　代码写入后的 HTML 文件

完成上述操作后，可以通过 Lxml 库进行读取数据。

读取数据的代码如下：

```
from lxml import etree

html = etree.parse('flower.html')
result = etree.tostring(html,pretty_print=True)
print(result)
```

3. 解析 HTML

Lxml 库不仅可以修正 HTML 代码，还可以对网页进行解析，具体代码如下：

```
import requests
from lxml import etree
#导入相应的第三方库

headers = {
    'User-Agent': 'Mozilla/5.0 (Windows NT 10.0; Win64; x64)
AppleWebKit/537.36 (KHTML, like Gecko) Chrome/85.0.4183.102 Safari/537.36'
    }
#导入头文件，模拟浏览器进行对网页的访问，增加访问网页的稳定性

res = requests.get('http://www.baidu.com',headers=headers)
html = etree.HTML(res.text)
result = etree.tostring(html)
#etree.HTML()调用 HTML 类对文本进行初始化，构造 xpath 解析对象，并修正 HTML 文本
#etree.HTML()可以输出修正后的 HTML 代码，也可以直接读取文本进行解析，但结果为
bytes 类型
print(result)
#解析网页并将结果输出
```

9.10   Xpath 语法

Xpath 是一种表达式的语言，它有很多返回值。它的返回值可以是节点、节点的集合、原子值，也可以是节点和元资质的混合。它是一门在 XML 文档中查找信息的语言，但是对 HTML 也有很好的支持。下面介绍 Xpath 的语法，并对正则表达式、BeautifulSoup 库、Lxml 库的性能进行对比。

9.10.1   节点选择

Xpath 使用路径表达式在 XML 文档选取所需要的节点，如表 9.7 所示。

表 9.7　节点选择

表达式	描述
Nodename	选取此节点的所有子节点
/	从此节点的根节点选取
//	从匹配选择的当前节点选择文档中的节点，而不考虑它的位置
.	选取当前节点
..	选取当前节点的父节点
@	选取属性

节点选择例子如表 9.8 所示。

表 9.8　节点选择例子

路径表达式	结果
user_data	选取元素中的所有子节点
/ user_data	选取根元素 user_data（假如路径起始于正斜杠"/"，则此路径始终代表到某元素的绝对路径）
user_data/user	选取属于 user_data 的子元素的所有 user 元素
//user	选取所有 user 子元素，但不关注它在文档中的位置
user_data//user	选取属于 user_data 元素的后代的所有 user 元素，但不关注它们处于 user_data 元素的什么位置
//@attribute	选取命名为 attribute 的所有属性

在使用 Xpath 时，常常使用该语法中的谓语来查找某个特定节点，或者查找包含某个特定值的节点，谓语常常被嵌套在方括号中。谓语的使用方法如表 9.9 所示。

表 9.9　谓语的使用方法

路径表达式	结果
/user_data/user[1]	选取属于 user_data 子元素中的第一个 user 元素
//li[@attribute]	选取所有拥有名为 attribute 属性的 li 元素
//li[@attribute='red']	选取所有 li 元素，且这些元素拥有值为 red 的 attribute 属性

9.10.2　Xpath 使用技巧

在编写爬虫编码时，Xpath 可以通过浏览器的开发者模式复制得到，如图 9.30 所示。

（1）鼠标指针定位到需要提取数据的位置，右击，从弹出的快捷菜单中选择"检查"命令。

（2）在网页代码中，右击，选择弹出快捷菜单中的 Copy 命令下的 Copy Xpath 命令。

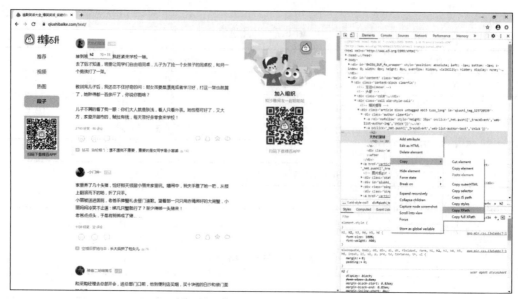

图 9.30　在 Chrome 中复制 Xpath

（3）此时会得到：

```
//*[@id="qiushi_tag_123720539"]/div[1]/a[2]/h2
```

通过下面代码，即可得到用户 id：

```
import requests
from lxml import etree
#导入程序运行所需要的第三方库

headers = {
        'User-Agent':'Mozilla/5.0 (Windows NT 10.0; Win64; x64)
AppleWebKit/537.36 (KHTML, like Gecko) Chrome/85.0.4183.102 Safari/537.36'
    }
    #加入请求头，模仿浏览器
url = 'https://www.qiushibaike.com/text/'
#构造 url
res = requests.get(url,headers=headers)
selector = etree.HTML(res.text)
#etree.HTML()调用 HTML 类对文本进行初始化，构造 xpath 解析对象，并修正 HTML 文本
id = selector.xpath('//*[@id="qiushi_tag_123729559"]/div[1]/a[2]/h2
/text()')
print(id)
```

上述代码的运行为：

```
['小门神']
```

若想批量地获取用户名，使用类似于 BeautifulSoup 库中的 selector()方法类删除用

户名则不可行，此时，可以通过先抓大后抓小，寻找循环点的方式来进行数据爬取。
首先，爬取每个段子的完整代码信息，之后再爬取用户名。

完整段子网页代码如图 9.31 所示。

图 9.31　完整段子网页代码

（1）首先复制完整段子的 div 标签路径，其路径为：

//div[@class="article block untagged mb15 typs_hot"]

通过这个路径，就可以定位到每个段子的信息，这为循环点。

（2）通过浏览器检查用户名，其路径为：

//*[@id="qiushi_tag_123731666"]/div[1]/a[2]/h2

要循环得到用户名，可以将路径前面删除：

```
/div[1]/a[2]/h2
```

获取用户名代码如下：

```
import requests
from lxml import etree
#导入改程序所用到的第三方库


headers = {
    'User-Agent':'Mozilla/5.0 (Windows NT 10.0; Win64; x64)
AppleWebKit/537.36 (KHTML, like Gecko) Chrome/85.0.4183.102 Safari/537.36'
    }
#导入头文件，模拟浏览器
url = 'https://www.qiushibaike.com/text/'
#构造url
res = requests.get(url,headers=headers)
selector = etree.HTML(res.text)
#etree.HTML()调用 HTML 类对文本进行初始化，构造 xpath 解析对象，并修正 HTML 文本
```

```
url_infos = selector.xpath('//div[@class="article block untagged mb15
typs_hot"]')
    for url_info in url_infos:
        id = url_info.xpath('div[1]/a[2]/h2/text()')[0]
        print(id)
    #循环打印用户名信息
```

上述代码运行结果如图 9.32 所示。

图 9.32　批量爬取用户名结果

9.10.3　三种库性能对比

Lxml 库的解析速度要比前面提到的两种库的解析速度快。下面将对比正则表达式、BeautifulSoup 库和 Lxml 三种库的解析速度。

以爬取糗事百科为例，爬取糗事百科的用户名、段子内容、好笑数和评论数，计算所用时间，不将结果进行输出。

对比代码如下：

```
import requests
import re
from bs4 import BeautifulSoup
from lxml import etree
import time
#导入该程序运行所需要的第三方库

headers = {
        'User-Agent':'Mozilla/5.0 (Windows NT 10.0; Win64; x64)
AppleWebKit/537.36 (KHTML, like Gecko) Chrome/85.0.4183.102 Safari/537.36'
    }
    #加入头文件模拟浏览器
urls = ['https://www.qiushibaike.com/text/page/{}/'.format(str(i))
for i in range(1,13)]
    #构造 urls
```

```python
def re_scraper(url):
    #用正则表达式进行数据爬取，只爬取数据不进行输出
    res = requests.get(url,headers=headers)
    ids = re.findall('<h2>(.*?)</h2>', res.text, re.S)
    contents = re.findall('<span>(.*?)</span>', res.text, re.S)
    laughs = re.findall('<span class="stats-vote"><i class="number">
(.*?)</i> 好笑</span>', res.text, re.S)
    comments = re.findall('<i class="number">(.*?)</i>', res.text,
re.S)
    for id, content, laugh, comment in zip(ids, contents, laughs,
comments):
        info = {
            'id': id,
            'content': content,
            'laugh': laugh,
            'comment': comment
        }
        return info
        #只返回数据不存储


def bs_scraper(url):
    #用 BeautifulSoup 库进行数据爬取，只爬取数据不进行输出
    res = requests.get(url,headers=headers)
    soup = BeautifulSoup(res.text,'lxml')
    ids = soup.select('#qiushi_tag_123720575 > div.author.clearfix >
a:nth-child(2) > h2')
    contents = soup.select('#qiushi_tag_123720575 > a.contentHerf >
div > span')
    laughs = soup.select('#qiushi_tag_123720575 > div.stats >
span.stats-vote > i')
    comments = soup.select('#c-123720575 > i')
    for id,content,laugh,comment in zip(ids,contents,laughs,comments):
        info = {
            'id': id.get_text(),
            'content': content.get_text(),
            'laugh': laugh.get_text(),
            'comment': comment.get_text()
        }
        return info
            #只返回数据不存储


def lxml_scraper(url):
    #用 Lxml 库进行数据爬取，只爬取数据不进行输出
    res = requests.get(url,headers=headers)
```

```
        selector = etree.HTML(res.text)
        url_infos = selector.xpath('//div[@class="article block untagged
mb15 typs_hot"]')
        try:
            for url_info in url_infos:
                id = url_info.xpath('div[1]/a[2]/h2/text()')[0]
                content = url_info.xpath('a[1]/div/span/text()')[0]
                laugh = url_info.xpath('div[2]/span[1]/i/text()')[0]
                comment = url_info.xpath('i/text()')[0]
                info = {
                    'id': id,
                    'content': content,
                    'laugh': laugh,
                    'comment': comment
                }
                return info
        except IndexError:
            pass
            #运用 try 方法，pass 掉爬取异常的情况


if __name__ == '__main__' :
#程序的主入口
    for name,scraper in [('Regular expressions',re_scraper),
('BeautifulSoup',bs_scraper),('Lxml',lxml_scraper)]:
        #循环三种方法
        start = time.time()
            #开始计时
        for url in urls:
            scraper(url)
        end = time.time()
            #结束计时
        print(name,end-start)
            #将结束时间减去开始时间，即为运行时间，输出结果
```

上述代码的运行结果如图 9.33 所示。

```
main
F:\py\venv\Scripts\python.exe F:/py/main.py
Regular expressions 4.390916109085083
BeautifulSoup 6.681795358657837
Lxml 4.313783168792725

Process finished with exit code 0
```

图 9.33   对比结果

代码分析：

```
import requests
import re
from bs4 import BeautifulSoup
from lxml import etree
import time
```

这部分代码导入了此程序运行中所需要的 Python 第三方库。Requests 库在爬虫代码中起到请求网页、获取网页数据的作用，导入 Python 中的 re 模块来匹配正则表达式，导入 BeautifulSoup 库和 Lxml 库，为后续对比三种库做准备。导入第三方库 time，为后续计算每个库解析网页所用时间做准备。

```
headers = {
    'User-Agent':'Mozilla/5.0  (Windows  NT  10.0;  Win64;  x64)
AppleWebKit/537.36 (KHTML, like Gecko) Chrome/85.0.4183.102 Safari/537.36'
    }
```

这部分代码，使爬虫程序伪装成浏览器，请求获取网页数据，增加爬虫的稳定性。

```
urls = ['https://www.qiushibaike.com/text/page/{}/'.format(str(i))
for i in range(1,13)]
```

这部分代码构造了本程序所用到的 url。

```
def re_scraper(url):
#用正则表达式进行数据爬取，只爬取数据不进行输出
    res = requests.get(url,headers=headers)
    ids = re.findall('<h2>(.*?)</h2>', res.text, re.S)
    contents = re.findall('<span>(.*?)</span>', res.text, re.S)
    laughs = re.findall('<span class="stats-vote"><i class="number">
(.*?)</i> 好笑</span>', res.text, re.S)
    comments = re.findall('<i class="number">(.*?)</i>', res.text,
re.S)
    for id, content, laugh, comment in zip(ids, contents, laughs,
comments):
        info = {
            'id': id,
            'content': content,
            'laugh': laugh,
            'comment': comment
        }
        return info
```

这部分代码用正则表达式进行网页数据爬取，爬取用户名、内容、好笑数量和评论数量，进行返回数据但不存储数据。

```
def bs_scraper(url):
#用 BeautifulSoup 库进行数据爬取，只爬取数据不进行输出
    res = requests.get(url,headers=headers)
    soup = BeautifulSoup(res.text,'lxml')
    ids = soup.select('#qiushi_tag_123720575 > div.author.clearfix >
a:nth-child(2) > h2')
    contents = soup.select('#qiushi_tag_123720575 > a.contentHerf >
div > span')
    laughs = soup.select('#qiushi_tag_123720575  >  div.stats  >
span.stats-vote > i')
    comments = soup.select('#c-123720575 > i')
    for id,content,laugh,comment in zip(ids,contents,laughs,comments):
        info = {
            'id': id.get_text(),
            'content': content.get_text(),
            'laugh': laugh.get_text(),
            'comment': comment.get_text()
        }
        return info
```

这部分代码用 BeautifulSoup 库进行网页数据爬取，爬取用户名、内容、好笑数量和评论数量，进行返回数据但不存储数据。

```
def lxml_scraper(url):
    res = requests.get(url,headers=headers)
    selector = etree.HTML(res.text)
    url_infos = selector.xpath('//div[@class="article block untagged
mb15 typs_hot"]')
    try:
        for url_info in url_infos:
            id = url_info.xpath('div[1]/a[2]/h2/text()')[0]
            content = url_info.xpath('a[1]/div/span/text()')[0]
            laugh = url_info.xpath('div[2]/span[1]/i/text()')[0]
            comment = url_info.xpath('i/text()')[0]
            info = {
                'id': id,
                'content': content,
                'laugh': laugh,
                'comment': comment
            }
            return info
    except IndexError:
        pass
```

这部分代码用 Lxml 库进行网页数据爬取，爬取用户名、内容、好笑数量和评论数

量，进行返回数据但不存储数据。在此部分中使用 try 方法来捕获程序引发的异常，使程序在发生异常时，不必终止程序的运行，并将错误的编码过滤掉。

```
if __name__ == '__main__':
    for name,scraper in [('Regular expressions',re_scraper),
('BeautifulSoup',bs_scraper),('Lxml',lxml_scraper)]:
        start = time.time()
    for url in urls:
        scraper(url)
    end = time.time()
    print(name,end-start)
```

这部分代码为程序的主入口，通过循环，依次调用三种爬虫方法函数，记录开始时间和结束时间，并用结束时间减去开始时间，记录结果最后打印出每个程序运行所用的时间。

三种库爬取解析网页信息的时间如表 9.10 所示。

表 9.10　三种库性能对比

爬取方法	性能	使用难度	安装难度
正则表达式	快	困难	简单（内置模块）
BeautifulSoup	慢	简单	简单
Lxml	快	简单	较难

如果所要爬取的网页结构简单，想要避免额外的依赖第三方库时（不需要安装库），可以使用正则表达式。当所要爬取的网页数据较少时，可以使用 BeautifulSoup 库，所消耗时间差距不大；当所要爬取的网页数据量较大时，要追求程序运行的时间时，可以选择 Lxml 库。

本 章 小 结

本章介绍爬虫常用的三个第三方库，分别为 Requests 库、BeautifulSoup 库和 Lxml 库。第一个库的作用为请求网页代码，后两个库的作用为解析网页内容。对比后两个解析网页内容的第三方库，Lxml 库解析网页的速度要快于 BeautifulSoup 库，当要爬取的网页数据量较小时，二者区别不大，但当爬取的数据量比较大时，应该使用 Lxml 库。

本章还讲述了正则表达式。如果爬取的网页结构简单，并且想要避免使用第三方库进行解析，正则表达式是合理的选择。正则表达式是内置于 Python 中的一个模块，不需要像其他第三方库一样，需要经过安装才可使用。

习　题

一、选择题

1. 下列选项中，是正则表达式匹配一个数字字符的是（　　）。

　　A. \d　　　　　　　　B. \D　　　　　　　　C. \s　　　　　　　　D. \S

2. 下列选项中，是正则表达式匹配前一个字符 0 或无限次的是（　　）。

　　A. +　　　　　　　　B. ?　　　　　　　　C. *　　　　　　　　D. –

3. 下列选项中，是正则表达式仅匹配字符串开头的是（　　）。

　　A. ^　　　　　　　　B. $　　　　　　　　C. \A　　　　　　　　D. \Z

4. 下列选项中，是正则表达式匹配前一个字符 0 或 1 次的是（　　）。

　　A. +　　　　　　　　B. ?　　　　　　　　C. *　　　　　　　　D. –

5. 在结点选择中，是选取当前结点的父结点的是（　　）。

　　A. /　　　　　　　　B. /　　　　　　　　C. .　　　　　　　　D. ..

二、编程题

1. 请使用 Requests 库，获取任意网站的源码，并将结果保存到"res.txt"文件中。

2. 请利用正则表达式中的 sub() 函数，获取"7754-s56d-4454"中的所有数字，并保存到"cs.txt"文件中。

3. 请爬取任意一本小说的前十章，并将结果保存到"xiaoshuo.txt"文件中，为保证爬取的稳定性，请引入头文件。

附录

附录1　全国计算机等级考试二级 Python 语言程序设计考试大纲（2018 版）

Ⅰ、基本要求

1. 掌握 Python 语言的基本语法规则。

2. 掌握不少于 2 个基本的 Python 标准库。

3. 掌握不少于 2 个 Python 第三方库，掌握获取并安装第三方库的方法。

4. 能够阅读和分析 Python 程序。

5. 熟练使用 IDLE 开发环境，能够将脚本程序转变为可执行程序。

6. 了解 Python 计算生态在以下方面（不限于）的主要第三方库名称：网络爬虫、数据分析、数据可视化、机器学习、Web 开发等。

Ⅱ、考试内容

一、Python 语言基本语法元素

1. 程序的基本语法元素：程序的格式框架、缩进、注释、变量、命名、保留字、数据类型、赋值语句、引用。

2. 基本输入输出函数：input()、eval()、print()。

3. 源程序的书写风格。

4. Python 语言的特点。

二、基本数据类型

1. 数字类型：整数类型、浮点数类型和复数类型。

2. 数字类型的运算：数值运算操作符、数值运算函数。

3. 字符串类型及格式化：索引、切片、基本的 format() 格式化方法。

4. 字符串类型的操作：字符串操作符、处理函数和处理方法。

5. 类型判断和类型间转换。

三、程序的控制结构

1. 程序的三种控制结构。

2. 程序的分支结构：单分支结构、二分支结构、多分支结构。

3. 程序的循环结构：遍历循环、无限循环、break 和 continue 循环控制。

4. 程序的异常处理：try-except。

四、函数和代码复用

1. 函数的定义和使用。

2. 函数的参数传递：可选参数传递、参数名称传递、函数的返回值。

3. 变量的作用域：局部变量和全局变量。

五、组合数据类型

1. 组合数据类型的基本概念。

2. 列表类型：定义、索引、切片。

3. 列表类型的操作：列表的操作函数、列表的操作方法。

4. 字典类型：定义、索引。

5. 字典类型的操作：字典的操作函数、字典的操作方法。

六、文件和数据格式化

1. 文件的使用：文件打开、读写和关闭。

2. 数据组织的维度：一维数据和二维数据。

3. 一维数据的处理：表示、存储和处理。

4. 二维数据的处理：表示、存储和处理。

5. 采用 CSV 格式对一二维数据文件的读写。

七、Python 计算生态

1. 标准库：turtle 库（必选）、rnndom 库（必选）、time 库（可选）。

2. 基本的 Python 内置函数。

3. 第三方库的获取和安装。

4. 脚本程序转变为可执行程序的第三方库：PyInstaller 库（必选）。

5. 第三方库：jieba 库（必选）、wordcloud 库（可选）。

6. 更广泛的 Python 计算生态，只要求了解第三方库的名称，不限于以下领域：网络爬虫、数据分析、文本处理、数据可视化、用户图形界面、机器学习、Web 开发、游戏开发等。

Ⅲ、考试方式

上机考试，考试时长 120 分钟，满分 100 分。

1）题型及分值

单项选择题 40 分（含公共基础知识部分 10 分）。

操作题 60 分（包括基本编程题和综合编程题）。

2）考试环境

Windows 7 操作系统，建议 Python 3.4.2 至 Python 3.5.3 版本，IDLE 开发环境。

附录 2 全国计算机等级考试二级 Python 语言程序设计样题

一、选择题

1. 关于算法的描述，以下选项中错误的是（　　）。
   A. 算法具有可行性、确定性、有穷性的基本特征
   B. 算法的复杂度主要包括时间复杂度和数据复杂度
   C. 算法的基本要素包括数据对象的运算和操作及算法的控制结构
   D. 算法是指解题方案的准确而完整的描述

2. 关于数据结构的描述，以下选项中正确的是（　　）。
   A. 数据的存储结构是指反映数据元素之间逻辑关系的数据结构
   B. 数据的逻辑结构有顺序、链接、索引等存储方式
   C. 数据结构不可以直观地用图形表示
   D. 数据结构指相互有关联的数据元素的集合

3. 在深度为 7 的满二叉树中，节点个数总共是（　　）。
   A. 64　　　　　　　B. 127　　　　　　　C. 63　　　　　　　D. 32

4. 对长度为 n 的线性表进行顺序查找，在最坏的情况下所需要的比较次数是（　　）。
   A. n*(n+1)　　　　B. n−1　　　　　　C. n　　　　　　　D. n+1

5. 关于结构化程序设计方法原则的描述，以下选项中错误的是（　　）。
   A. 逐步求精　　　B. 多态继承　　　C. 模块化　　　D. 自顶向下

6. 与信息隐蔽的概念直接相关的概念是（　　）。
   A. 模块独立性　　　　　　　　B. 模块类型划分
   C. 模块耦合度　　　　　　　　D. 软件结构定义

7. 关于软件工程的描述，以下选项中描述正确的是（　　）。
   A. 软件工程包括 3 要素：结构化、模块化、面向对象
   B. 软件工程工具是完成软件工程项目的技术手段
   C. 软件工程方法支持软件的开发、管理、文档生成
   D. 软件工程是应用于计算机软件的定义、开发和维护的一整套方案、工具、文档和实践标准和工序

8. 在软件工程详细设计阶段，以下选项中不是详细设计工具的是（　　）。
   A. 程序流程图　　B. CSS　　　　　C. PAL　　　　　D. 判断表

9. 以下选项中表示关系表中的每一横行的是（　　）。
   A. 属性　　　　　B. 列　　　　　　C. 码　　　　　　D. 元组

10. 将 E-R 图转换为关系模式时，可以表示实体与联系的是（　　）。
    A. 关系　　　　　B. 键　　　　　　C. 域　　　　　　D. 属性

11. 以下选项中 Python 用于异常处理结构中用来捕获特定类型的异常的保留字是

（   ）。

    A. except   B. do   C. pass   D. while

12. 以下选项中符合 Python 语言变量命名规则的是（   ）。

    A. *i   B. 3_1   C. AT!   D. TempList

13. 关于赋值语句，以下选项中描述错误的是（   ）。

    A. 在 Python 语言中，有一种赋值语句，可以同时给多个变量赋值

    B. 设 x="alice"；y="kate"，执行 x,y=y,x 可以实现变量 x 和 y 值的互换

    C. 设 a=10；b=20，执行 a,b=a,a+b print(a,b)和 a=b,b=a+b print(a,b)之后，得到同样的输出结果：1030

    D. 在 Python 语言中，"="表示赋值，即将"="右侧的计算结果赋值给左侧变量，包含"="的语句称为赋值语句

14. 关于 eval 函数，以下选项中描述错误的是（   ）。

    A. eval 函数的作用是将输入的字符串转为 Python 语句，并执行该语句

    B. 如果用户希望输入一个数字，并用程序对这个数字进行计算，可以采用 eval(input(<输入提示字符串>))组合

    C. 执行 eval("Hello")和执行 eval("'Hello'")得到相同的结果

    D. eval 函数的定义为：eval(source,globals=None,locals-=None)

15. 关于 Python 语言的特点，以下选项中描述错误的是（   ）。

    A. Python 语言是非开源语言

    B. Python 语言是跨平台语言

    C. Python 语言是多模型语言

    D. Python 语言是脚本语言

16. 关于 Python 的数字类型，以下选项中描述错误的是（   ）。

    A. Python 整数类型提供了 4 种进制表示：十进制、二进制、八进制和十六进制

    B. Python 语言要求所有浮点数必须带有小数部分

    C. Python 语言中，复数类型中实数部分和虚数部分的数值都是浮点类型，复数的虚数部分通过后缀"C"或者"c"来表示

    D. Python 语言提供 int、float、complex 等数字类型

17. 关于 Python 循环结构，以下选项中描述错误的是（   ）。

    A. 遍历循环中的遍历结构可以是字符串、文件、组合数据类型和 range()函数等

    B. break 用来跳出最内层 for 或者 while 循环，脱离该循环后程序从循环代码后继续执行

    C. 每个 continue 语句只有能力跳出当前层次的循环

    D. Python 通过 for、while 等保留字提供遍历循环和无限循环结构

18. 关于 Python 的全局变量和局部变量，以下选项中描述错误的是（   ）。

    A. 局部变量指在函数内部使用的变量，当函数退出时，变量依然存在，下次函数调用可以继续使用

    B. 使用 global 保留字声明简单数据类型变量后，该变量作为全局变量使用

    C. 简单数据类型变量无论是否与全局变量重名，仅在函数内部创建和使用，函

数退出后变量被释放

D. 全局变量指在函数之外定义的变量，一般没有缩进，在程序执行全过程有效

19. 关于 Python 的 lambda 函数，以下选项中描述错误的是（　　）。

A. 可以使用 lambda 函数定义列表的排序原则

B. f=lambda x,y:x+y 执行后，f 的类型为数字类型

C. lambda 函数将函数名作为函数结果返回

D. lambda 用于定义简单的、能够在一行内表示的函数

20. 下面代码实现的功能描述的是（　　）。

```
def fact(n):
    if n==0:
        return 1
    else:
        return n*fact(n-1)
num=eval(input("请输入一个整数:"))
print(fact(abs(int(num))))
```

A. 接收用户输入的整数 n，判断 n 是否是素数并输出结论

B. 接收用户输入的整数 n，判断 n 是否是完数并输出结论

C. 接收用户输入的整数 n，判断 n 是否是水仙花数

D. 接收用户输入的整数 n，输出 n 的阶乘值

21. 执行如下代码：

```
import time
print(time. time())
```

以下选项中描述错误的是（　　）。

A. time 库是 Python 的标准库

B. 可使用 time.ctime()，显示为更可读的形式

C. time. sleep(5)推迟调用线程的运行，单位为毫秒

D. 输出自 1970 年 1 月 1 日 00:00:00AM 以来的秒数

22. 执行后可以查看 Python 的版本的是（　　）。

A. import sys

print(sys.Version)

B. import system

print(system.version)

C. import system

print(system.Version)

D. import sys

print(sys.version)

23. 关于 Python 的组合数据类型，以下选项中描述错误的是（　　）。

A. 组合数据类型可以分为 3 类：序列类型、集合类型和映射类型

    B. 序列类型是二维元素向量，元素之间存在先后关系，通过序号访问

    C. Python 的 str、tuple 和 list 类型都属于序列类型

    D. Python 组合数据类型能够将多个同类型或不同类型的数据组织起来，通过单一的表示使数据操作更有序、更容易

24. 以下选项中，不是 Python 对文件的读操作方法的是（   ）。

    A. readline   B. readall   C. readtext   D. read

25. 关于 Python 文件处理，以下选项中描述错误的是（   ）。

    A. Python 能处理 JPG 图像文件   B. Python 不可以处理 PDF 文件

    C. Python 能处理 CSV 文件   D. Python 能处理 Excel 文件

26. 以下选项中，不是 Python 对文件的打开模式的是（   ）。

    A. 'w'   B. '+'   C. 'c'   D. 'r'

27. 关于数据组织的维度，以下选项中描述错误的是（   ）。

    A. 一维数据采用线性方式组织，对应于数学中的数组和集合等概念

    B. 二维数据采用表格方式组织，对应于数学中的矩阵

    C. 高维数据由键值对类型的数据构成，采用对象方式组织

    D. 数据组织存在维度，字典类型用于表示一维和二维数据

28. Python 数据分析方向的第三方库是（   ）。

    A. pdfminer   B. beautifulsoup4   C. time   D. NumPy

29. Python 机器学习方向的第三方库是（   ）。

    A. PIL   B. PyQt5   C. TensorFlow   D. random

30. Python Web 开发方向的第三方库是（   ）。

    A. Django   B. SciPy   C. Pandas   D. requests

31. 下面代码的输出结果是（   ）。

```
X=0b1010print(X)
```

    A. 16   B. 256   C. 1024   D. 10

32. 下面代码的输出结果是（   ）。

```
x=10
y=-1+2j
print(x+y)
```

    A. 9   B. 2j   C. 11   D. (9+2j)

33. 下面代码的输出结果是（   ）。

```
x=3.1415926
print(round(x,2),round(x))
```

    A. 33. 14   B. 22   C. 6. 283   D. 3. 143

34. 下面代码的输出结果是（   ）。

```
for s in "Hello World":
    if s=="W"
```

```
            break
        print(s,end="")
```

    A. Hello   B. World   C. Hello World   D. HelloWorld

35. 以下选项中，输出结果是 False 的是（　　　）。

    A. >>>5 is not 4   B. >>>5 != 4   C. >>>False !=0   D. >>>5 is 5

36. 下面代码的输出结果是（　　　）。

```
a = 1000000
b = "-"
print("{0:{2}^{1},}\n{0:{2}>{1},}\n{0:{2}<{1},}".format(a,30,b))
```

    A.

1,000,000--------------------

--------------------1,000,000

-----------1,000,000----------

    B.

--------------------1,000,000

1,000,000--------------------

-----------1,000,000----------

    C.

--------------------1,000,000

-----------1,000,000----------

1,000,000--------------------

    D.

-----------1,000,000----------

--------------------1,000,000

1,000,000--------------------

37. 下面代码的输出结果是（　　　）。

```
s = ["seashell","gold","pink","brown","putple","tomato"]
print(s[4:])
```

    A. ['purplel']   B. ['seashell', 'gold', 'pink', 'browm']

    C. ['gold', 'pink', 'brown', 'purple', 'tomato']   D. ['purple', 'tomato']

38. 执行如下代码：

```
import turtle as tdef DrawCctCircle(n):
    t. penup(J)
    t. goto(0,-n)
    t. pendown()
    t. circle(n) for I in range(20,80,20):
t. done()
```

在 Python Turtle Graphics 中，绘制的图形是（　　　）。

    A. 同切圆　　　　　　　　B. 同心圆　　　　　　C. 笛卡儿心形　　D. 太极

39. 给出如下代码：

```
fname=input("请输入要打开的文件：")
fo = open(fname,"r")
for line in fo.readlines():
    print(line)
fo. close()
```

关于上述代码的描述，以下选项中错误的是（　　　）。

    A. 通过 fo.readlines()方法将文件的全部内容读入一个字典 fo

    B. 通过 fo.readlines()方法将文件的全部内容读入一个列表 fo

    C. 上述代码可以优化为：

```
fname=input("请输入要打开的文件：")
fo = open(fname,"r")
for line in fo. readlines():
    print(line)
o. close()
```

    D. 用户输入文件路径，以文本文件方式读入文件内容并逐行打印

40. 能实现将一维数据写入 CSV 文件中的是（　　　）。

    A.

```
fo = open("price2016bj.csv", "w")
ls = ['AAA', 'BBB', 'CCC', 'DDD']
fo.write(",".join(ls) + "\n")
fo.close()
```

    B.

```
fo = open("price2016bj.csv", "w")
ls =[]for line in fo:
    line=line.replace("\n","")
    ls.append(line.split(","))
    print(ls)
fo.close()
```

    C.

```
fo = open("price2016bj.csv", "r")
ls = ['AAA', 'BBB', 'CCC', 'DDD']
fo.write(",".join(ls) + "\n")
fo.close()
```

D.
```
fname =input("请输入要写入的文件：")
fo = open(fname,"w=")
ls = ['AAA', 'BBB', 'CCC', 'DDD']
fo.write(ls)
for line in fo:
    print(line)
```

二、操作题

1. 编写 Python 程序输出一个具有如下风格效果的文本，用作文本进度条样式，部分代码如下，填写空格处。

```
10%@==
20%@====-
100%@==================
```

前三个数字，右对齐；后面字符，左对齐。

文本中左侧一段输出 N 的值，右侧一段根据 N 的值输出等号，中间用@分隔，等号个数为 N 与 5 的整除商的值，例如，当 N 等于 10 时，输出 2 个等号。

```
N = eval(input())  # N取值范围是 0-100，整数 print(___①___)
```

2. 以论语中一句话作为字符串变量 s，补充程序，分别输出字符串 s 中汉字和标点符号的个数。

```
s="学而时习之，不亦说乎？有朋自远方来，不亦乐乎？人不知而不愠，不亦君子乎？"
n=0  # 汉字个数
m=0  # 标点符号个数
    ①      # 在这里补充代码，可以多行
print("字符数为{},标点符号数为{}".format(n,m))
```

3. 使用程序计算整数 N 到整数 N+100 之间所有奇数的数值和，不包含 N+100，并将结果输出。整数 N 由用户给出，代码片段如下，补全代码。不判断输入异常。

```
N=input("请输入一个整数:")
    ①   #可以是多行代码
```

注：输入 3，输出 2600。

4. 使用 turtle 库的 turtle.fd()函数和 turtle.left()函数绘制一个六边形，边长为 200 像素，效果如下图所示，请结合格式框架，补充横线处代码。

```
import turtle as t
for i in range(___①___):
t.fd(___②___)
t.left(___③___)
```

5. 经常会有要求用户输入整数的计算需求，但用户未必一定输入整数。为了提高用户体验，编写 getInput() 函数处理这样的情况。

请补充如下代码，如果用户输入整数，则直接输出整数并退出，如果用户输入的不是整数，则要求用户重新输入，直至用户输入整数为止。

```
def getInput():
___①___   # 可以是很多行代码
return ___②___   # 只能是单行代码
print(getInput())
```

6.《天龙八部》是著名作家金庸的代表作之一，历时 4 年创作完成。该作品气势磅礴，人物众多，非常经典。

这里给出一个《天龙八部》的网络版本，文件名为"天龙八部-网络版.txt"。

问题 1：请编写程序，对这个《天龙八部》文本中出现的汉字和标点符号进行统计，字符与出现次数之间用冒号分隔，输出保存到"天龙八部-汉字统计.txt"文件中，该文件要求采用 CSV 格式存储，参考格式如下（注意，不统计空格和回车字符）：

```
天：100, 龙：110, 八：109, 部：10
```

问题 2：请编写程序，对《天龙八部》文本中出现的中文词语进行统计，采用 jieba 库分词，词语与出现次数之间用冒号分隔，输出保存到"天龙八部-词语统计.txt"文件中。参考格式如下（注意，不统计空格和回车字符）：

```
天龙：100, 八部：10
```

附录3　全国计算机等级考试二级Python语言程序设计样题答案

一、选择题

1.B　2.D　3.B　4.C　5.B　6.A　7.D　8.B　9.D　10.A　11.A　12.D
13.C　14.C　15.A　16.C　17.C　18.A　19.B　20.D　21.C　22.D　23.B　24.C
25.B　26.C　27.D　28.D　29.C　30.A　31.D　32.D　33.D　34.A　35.C　36.D
37.D　38.B　39.A　40.A

二、操作题

1.

```python
N = 20
print("{:>3}%@{}".format(N, "=" * (N // 5)))
```

2.

```python
s = "学而时习之，不亦说乎？有朋自远方来，不亦乐乎？人不知而不愠，不亦君子乎？"
n = 0    # 汉字个数
m = 0    # 标点符号个数
m = s.count('，') + s.count('？')
n = len(s) - m
print("字符数为{}，标点符号数为{}。".format(n, m))
```

3.

```python
N = input("请输入一个整数：")
s = 0
for i in range(eval(N), eval(N) + 100):
    if i % 2 == 1:
        s += i
        print(s)
```

4.

```python
import turtle as t
for i in range(6):
    t.fd(200)
    t.left(60)
```

5.
```python
def getInput():
    try:
        txt = input("请输入整数：")
        while eval(txt) != int(txt):
            txt = input()
    except:
        return getInput()
    return eval(txt)
print(getInput())
```

6.
问题 1：
```python
fi =open("天龙八部-网络版.txt","r",encoding="utf-8")
fo=open("天龙八部-汉字统计.txt","w",encoding="utf-8")

txt=fi.read()
d={}
for c in txt:
    d[c]=d.get(c,0)+1
    del d[""]
    del d['\n']

ls =[]
for key in d:
    is.append("{}:{}".format(key,d[key]))

fo.write(",".join(ls))
fi.close()
fo.close()
```

问题 2：
```python
import jieba
fi =open("天龙八部-网络版.txt","r",encoding="utf-8")
fo=open("天龙八部-词语统计.txt","w",encoding="utf-8")
txt=fi.read()
words = jieba.lcut(txt)
d={}
for w in words:
    d[w]=d.get(w,0)+1
```

```
        del d["]
        del d['\n']

ls=[]
for key in d:
        ls.append("{}:{}".format(key,d[key]))

fo.write(",".join(ls))
fi.close()
fo.close()
```

参 考 文 献

董付国，2020. Python 数据分析、挖掘与可视化[M]. 北京：人民邮电出版社.

李辉，2020. Python 程序设计基础案例教程[M]. 北京：清华大学出版社.

罗攀，蒋仟，2018. 从零开始学：Python 网络爬虫[M]. 北京：机械工业出版社.

嵩天，等，2017. Python 语言程序设计基础[M]. 2 版. 北京：高等教育出版社.

唐永华，刘德山，李玲，2019. Python 3 程序设计[M]. 北京：人民邮电出版社.

王恺，等，2019. Python 语言程序设计[M]. 北京：机械工业出版社.

文必龙，杨永，2019. Python 语言程序设计基础[M]. 武汉：华中科技大学出版社.

赵增敏，钱永涛，金焱，2019. Python 语言程序设计[M]. 北京：电子工业出版社.

Eric Matthes，2016. Python 编程：从入门到实践[M]. 袁国忠，译. 北京：人民邮电出版社.